Andreas Spornberger, Klemens Böck, Martin Filipp,
Franz Kaltenberger, Stephanie Letzbor-Kalusch

unter Mitarbeit von Theresa Spörr

Der professionelle Obstbaumschnitt

stv

Andreas Spornberger, Klemens Böck, Martin Filipp,
Franz Kaltenberger, Stephanie Letzbor-Kalusch
unter Mitarbeit von Theresa Spörr

Der professionelle Obstbaumschnitt

Leopold Stocker Verlag
Graz – Stuttgart

Umschlaggestaltung:
Werbeagentur Rypka GmbH, 8143 Dobl, www.rypka.at
Titelbild: Andreas Spornberger

Bildnachweis:
Sämtliche Abbildungen wurden freundlicherweise von den Autoren zur Verfügung gestellt.

Bibliografische Information der Deutschen Nationalbibliothek
Die Deutsche Nationalbibliothek verzeichnet diese Publikation in der Deutschen Nationalbibliografie; detaillierte bibliografische Daten sind im Internet unter http://dnb.d-nb.de abrufbar.

Hinweis: Dieses Buch wurde auf chlorfrei gebleichtem Papier gedruckt. Die zum Schutz vor Verschmutzung verwendete Einschweißfolie ist aus Polyethylen chlor- und schwefelfrei hergestellt. Diese umweltfreundliche Folie verhält sich grundwasserneutral, ist voll recyclingfähig und verbrennt in Müllverbrennungsanlagen völlig ungiftig.

Auf Wunsch senden wir Ihnen gerne kostenlos unser Verlagsverzeichnis zu:
Leopold Stocker Verlag GmbH
Hofgasse 5 / Postfach 438
A-8011 Graz
Tel.: +43 (0)316/82 16 36
Fax: +43 (0)316/83 56 12
E-Mail: stocker-verlag@stocker-verlag.com
www.stocker-verlag.com

ISBN 978-3-7020-1432-2

Layout und Repro: Werbeagentur Rypka GmbH, 8143 Dobl

Inhalt

Andreas Spornberger

Vorwort

In meiner langjährigen Tätigkeit als Lehrer für Obstbaumschnitt an der Universität und bei diversen Kursen bin ich immer wieder gebeten worden, Unterlagen zum Nachlesen bereitzustellen. Das ist notwendig, um die Hintergründe zu verstehen, damit uns klar wird, was wir tun und warum. So ist die Idee entstanden, als Lernbehelf ein Buch zu verfassen. Es enthält die wichtigsten Informationen, die man braucht, um selbstständig Obstgehölze zu vermehren und zu schneiden. Es richtet sich sowohl an den spezialisierten Erwerbsobstbauern als auch an den Liebhaber, der im Garten Obstbäume kultiviert. Es beinhaltet allgemeine Grundlagen und Details zu den wichtigsten bei uns gängigen Kern-, Stein- und Beerenobstarten, ergänzend finden sich Besonderheiten zu einigen bei uns derzeit noch wenig verbreiteten Arten, die aber immer häufiger Verwendung finden.

Zugleich ist mir klar, dass das Arbeiten mit Obstgehölzen nur in der Praxis erlernbar ist. Nur im wiederholten Tun gehen die erlernten Methoden „in Fleisch und Blut“ über. Dazu möchte dieses Buch einen Beitrag leisten.

Möge es vielen Menschen Wissen und Freude am Umgang mit Obstbäumen vermitteln, sie dazu motivieren, neue zu pflanzen und bestehende Bäume beim Wachsen und Gedeihen durch ihre Pflege zu unterstützen.

Widmen möchte ich dieses Buch meinem Vater, durch ihn habe ich die Freude an der Natur und an den Bäumen kennengelernt.

Danken möchte ich meinen MitautorInnen für ihr Engagement und allen, die uns beim Zustandekommen dieses Buches unterstützt haben.

Andreas Spornberger, im Mai 2013

Grundlagen zum Schnitt

Natürlicher Wuchs von Bäumen

Obstgehölze gedeihen und fruchten grundsätzlich auch ohne Einfluss des Menschen, wie wir an wild wachsenden Bäumen sehen können.
Der natürliche Wuchs zeigt einige Gesetzmäßigkeiten:

- Der Baum wächst in der Mitte stärker und höher als seitlich und ist zugleich unten meist breiter als oben; dies hat vor allem statische Gründe.
- Die Blätter streben nach Sonnenlicht; Äste, die viel Licht bekommen, werden besser versorgt und wachsen daher stärker, während solche, die beschattet sind und dem Gesamtsystem Baum durch ihre geringe Fotosynthese-Aktivität wenig dienen oder sogar eine negative Bilanz aufweisen, schlechter mit Nährstoffen versorgt und im Extremfall aufgegeben werden und absterben.
- In der Jugend herrscht die **vegetative Phase** mit vorwiegend vertikalem Wachstum vor, bis eine gewisse Größe erreicht ist. Danach geht der Wuchs mehr in die Breite und der Baum beginnt mehr und mehr zu blühen und Früchte zu bilden (**generative Phase**), mit dem Ziel, sich über Samen zu vermehren. Dabei entwickeln sich nicht unbedingt jedes Jahr viele oder gar große Früchte. Dies kann dazu führen, dass sich in einem Jahr sehr viele Samen bilden, dafür aber wenig Energie übrig bleibt, um Blütenknospen fürs nächste Jahr auszubilden. Der Ertrag ist im Jahr darauf folglich geringer oder setzt gänzlich aus, es entsteht **Alternanz**.

Abb. 1.1: Ein Mostbirnbaum bildet auch ohne viel Schnitt eine schöne Naturkrone (links); Fruchtbehang auf einem seit Längerem nicht geschnittenen Apfelbaum (rechts)

Warum Schnitt?

Als die Menschen vom reinen Sammeln spontan wachsender Früchte zum gezielten Kultivieren der Bäume übergegangen sind, ist auch der Baumschnitt entstanden, mit dem Ziel, den Anbau zu erleichtern.

Warum schneiden wir Obstbäume?

- **Pflege** (inkl. wenig Schnittaufwand) und **Ernte** (Baumhöhe, Baumform) werden erleichtert.
- Wachstum, Frucht- und Blütenknospenbildung können in ein Gleichgewicht gebracht werden, um regelmäßigen Ertrag mit guter Fruchtqualität zu erzielen (= **physiologisches Gleichgewicht**, Vermeiden von Alternanz).
- Die Verminderung der Blüten-/Fruchtanzahl führt zu einer **Steigerung des Gewichtes** der verbleibenden **Früchte**.
- **Mehr Luft und Licht** kommt in den Baum, was ein schnelleres Abtrocknen und damit weniger Krankheiten, eine Verbesserung von Ausfärbung, Geschmack und Lagerfähigkeit der Früchte bewirkt.
- Das Entfernen schadhafter, kranker und toter Baumpartien trägt zur **Baumhygiene** bei.
- Alte, vergreiste und zu schwachwüchsige Bäume werden wieder zum Wachsen angeregt (= **Verjüngung**), was die Lebens- und Nutzungsdauer sowie die Fruchtqualität erhöht.

Die meisten Ziele, die wir beim Baumschnitt verfolgen, dienen der **Arbeitserleichterung** und **Sicherung regelmäßiger Erträge von hoher Fruchtqualität** sowie dem **vorbeugenden Pflanzenschutz** und sind daher für einen wirtschaftlichen Anbau notwendig.

Abb. 1.2: Totholz im Inneren eines ungepflegten und sehr dichten Apfelbaumes

Wird nicht geschnitten, wächst und fruchtet der Baum zwar auch, die Äste werden aber nach einiger Zeit zu dicht und vergreisen, viele Baumpartien bekommen zu wenig Luft und Licht und werden in der Folge ungenügend mit Nährstoffen versorgt, (Pilz-)Krankheiten nehmen zu, der Fruchtertrag alterniert bzw. die Früchte sind meist von geringer Qualität.

Im Erwerbsobstbau soll der Baum möglichst rasch in den vollen Ertrag kommen. Zusätzlich ist vor allem für den Frischmarkt eine hohe Fruchtqualität (Größe, Ausfärbung, Geschmack und Lagerfähigkeit) erforderlich.

Neben Standort-, Sorten- und Unterlagenwahl sowie geeigneter Pflege (z. B. Bodenbearbeitung, Düngung und Pflanzenschutz) ist der Schnitt eine wichtige Maßnahme, um dies zu erreichen und den Baum über lange Zeit vital und fruchtbar zu halten.

Mögliche **Nachteile**, die durch den Baumschnitt entstehen können:

- **Eingriff** in den natürlichen **Wachstumszyklus** des Baumes
- **Wunden** entstehen, die wieder verheilen müssen
- **Krankheiten** können durch Werkzeug und Mensch **übertragen** werden
- **Verletzungsgefahr** beim Schneiden durch Werkzeug und Sturz (vor allem bei hohen Bäumen)
- **Kosten** (Werkzeug, Arbeitszeit)

Wichtig ist es, zu wissen, was wir mit Schnittmaßnahmen bezwecken. Bei alten oder sehr hohen Bäumen beispielsweise gilt es vorher abzuwägen, ob Aufwand und Nutzen der durchgeführten Maßnahmen in einer sinnvollen Relation zueinander stehen. Da, wie schon oben erwähnt, Bäume gut auch von alleine wachsen und fruchten können, empfiehlt es sich für Unkundige im Zweifelsfall besser gar nicht als falsch zu schneiden.

Abb. 1.3: *Apfel mehr oder weniger deutlich als Baum (li.) bzw. als buschiger Strauch wachsend (re.)*

Wichtige Begriffe

Bei der natürlichen Wuchsform unterscheiden wir zwischen dem mehr oder weniger aufrecht wachsenden **Baum** mit Stamm und Krone und dem **Strauch**, bei dem mehrere fast gleichwertige Stämme buschartig aus dem Boden wachsen.

Querschnitt durch einen Ast

Die wichtigste Schicht ist das Kambium, es bildet nach außen die Rinde bzw. den Bast in welchem die in den Blättern gebildeten Assimilate nach unten wandern und nach innen das Splintholz, in dem der Stofftransport (Wasser und Nährstoffe) erfolgt. Weiter innen befindet sich das Kernholz, das im Wesentlichen aus abgestorbenen Holzzellen besteht (siehe Abb. 1.4).

Aufbau eines Obstbaumes

Anhand eines Kronenbaumes wollen wir einige Begriffe einführen, die in der Folge immer wieder verwendet werden (siehe Abb. 1.5).

Triebe

Grundsätzlich ist zu unterscheiden zwischen rein vegetativen (Holz-)Trieben, die in der Jugendphase der Bäume natürlich vorkommen, und zwischen Fruchtholz. Außerdem unterschei-

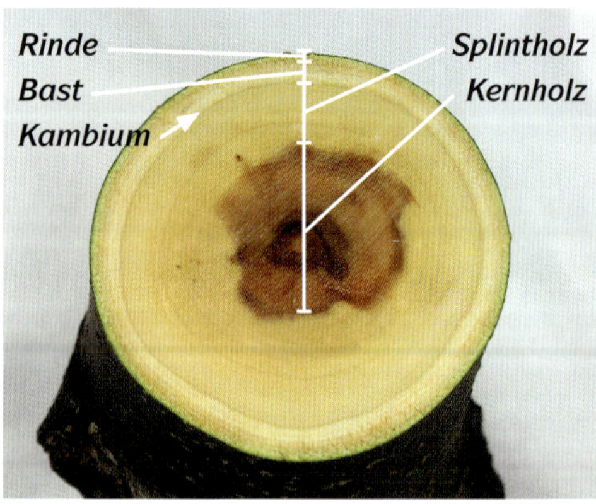

Abb. 1.4: *Querschnitt durch einen 10 Jahre alten Apfelast*

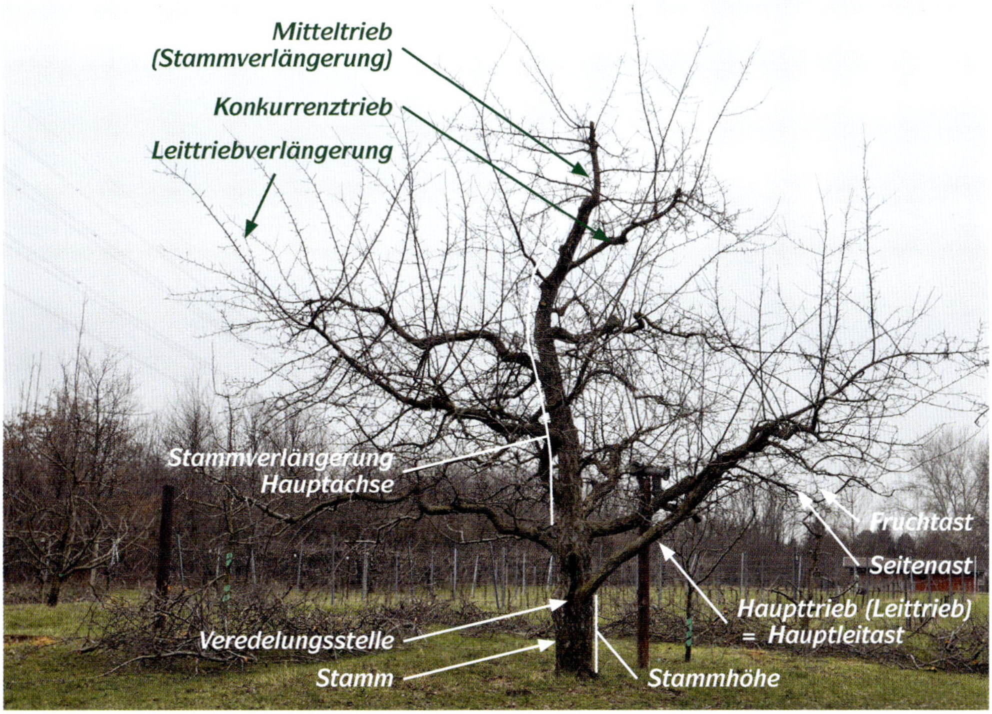

Abb. 1.5: Wichtige Begriffe bei einem Kronenbaum (Pyramidenkrone)

den wir nach Jahreszuwachs zwischen Lang- (> 30 Zentimeter), Mittel- (10 bis 30 Zentimeter) und Kurztrieben (< 10 Zentimeter). Details zur Unterscheidung von Lang- und Kurztrieben und den Knospen finden sich bei der Beschreibung der einzelnen Obstarten (siehe Abb. 1.6).

Baumformen

Wird die Kronengestalt eines Baumes auf die Erde projiziert, so können wir zwischen kreisförmigen Formen (= Rundkronen) und lang gezogenen (= Längskronen) unterscheiden.

Rundkronen

Die **Pyramidenkrone** im engeren Sinn (= Oeschbergkrone) hat einen Mitteltrieb mit seitlich flach bzw. leicht ansteigend weggehenden Ästen und an der Basis drei bis vier starke Leitäste, die im Winkel von 45–60° aus dem Hauptstamm wachsen und seitlich untergeordnete Fruchtäste haben. Diese Kronenform eignet sich für fast alle Baumobstarten, denn sie kommt dem natürlichen Wachstum am nächsten. Häufig werden Pyramidenkronen mit einer zweiten Leitastetage erzogen, die ein bis zwei Meter über der ersten ansetzt. Da dies meist zu einer starken Verdichtung im Bauminnern führt, raten wir von dieser Erziehungsform ab (siehe Abb. 1.7).

Die (schlanke) **Spindel** besteht nur aus einem Mitteltrieb und flachen, seitlichen Fruchtästen und ist idealerweise unten breiter wie oben, ähnlich einem Weihnachtsbaum. Sie ist in Kombination mit schwach wachsenden Unterlagen bei fast allen Obstarten die am meisten

Abb. 1.6: *Holztrieb mit rein vegetativen Knospen, die einzeln sitzen (oben); Fruchtholz: Langtrieb mit zwei Blüten- (1) und einer Blattknospe (2) (Knospendrilling) (Mitte); Kurztrieb mit Blüten- (1) und Blattknospen (2) (unten) bei einem Zwetschkenbaum*

verbreitete Erziehungsform im modernen Erwerbsanbau. Bei Verwendung etwas stärkerer Unterlagen (speziell beim Steinobst) werden die untersten Äste leicht ansteigend gezogen, allerdings sind sie deutlich flacher als die Leitäste bei der Pyramidenkrone; der Baum ist breiter als eine schlanke Spindel, man spricht in diesem Fall auch von einem **Spindelbusch**.

Die **Hohlkrone** hat keinen Mitteltrieb, sondern drei bis vier etwas steiler stehende Leitäste. Dadurch kommt sehr viel Licht und Luft ins Bauminnere und der Baum kann vergleichsweise niedrig gehalten werden. Diese Kronenform ist aufgrund der guten Durchlüftung z. B. beim Apfel vor allem in Gebieten mit viel Regen empfehlenswert, weniger geeignet aber für schneereiche Regionen, da bei großer Schneelast die Leitäste am Stamm auseinanderbrechen können. Bei der Erziehung ist besonders darauf zu achten, zu steile Äste im Inneren zu entfernen, damit es nicht zu einer Überbauung des Baumes von innen her kommt.

Längskronen

Zu den **Längskronen** zählen die verschiedenen Heckenformen, wie z. B. Palmette, schräge Hecke, (Wand-)Spaliere etc. (siehe Abb. 1.8).

Abb. 1.7: Verschiedene Rundkronenformen beim Apfel: Pyramidenkrone mit zwei Leitastetagen **(1)**, *Oeschbergkrone* **(2)**, *Spindelbusch* **(3)**, *schlanke Spindel* **(4)**, *Hohlkrone* **(5)**

Abb. 1.8: Verschiedene Längskronenformen: schräge Hecke nach Duhan ***(1)****, freie schräge Hecke* ***(2)****, Zweiast-(Y-)Hecke* ***(3)****, waagrechter Kordon* ***(4)***

Sie sind üblicherweise nur in zwei Richtungen angeordnet und benötigen ein (Draht-)Gerüst zur Unterstützung. Durch das Schrägstellen und Formieren von Hauptästen können die Bäume auch auf stärkeren Unterlagen niedriger gehalten werden. Allerdings sind Baumerziehung und Schnitt mit sehr viel Können und Arbeit verbunden, sodass sie im Erwerbsobstbau inzwischen nur mehr marginale Bedeutung haben, während sie aber zur Nutzung von vertikalen Flächen wie Zäunen oder (Haus-)Wänden sehr empfehlenswert sind.

Wuchsgesetze

Sie sind grundlegend für das Verständnis des Wuchses und der Schnittarbeiten und gelten für alle Arten.

Spitzenförderung (Apikaldominanz)

Ein Baum wächst immer an den am höchsten gelegenen Stellen am stärksten. Ursache hierfür sind Pflanzenhormone (Auxine), die unter Lichteinwirkung in den jungen wachsenden Triebspitzen gebildet werden, am meisten in senkrecht stehenden Trieben. Sie bewirken eine erhöhte Anziehung von Nährstoffen und Assimilaten und dadurch verstärktes Wachstum in diesem Bereich. Hormonkonzentration und Triebwachstum sind daher im oberen und äußeren Kronenbereich am stärksten und nehmen zur Basis und zu den Wurzeln hin ab, weshalb nicht geschnittene Bäume langfristig unten und innen **verkahlen**.

Auch beim Einzeltrieb kommt es zum stärksten Austrieb an der Spitze, wobei die höchst gelegene(n) Knospe(n) am meisten und die nachfolgenden etwas weniger wachsen, während tiefer stehende weniger stark oder gar nicht austreiben. Gleich hoch stehende Knospen oder Triebe an einem Baum wachsen gleich stark (= **Saftwaage**).

Abb. 1.9: *Verkahlung unten und innen bei einem ziemlich natürlich wachsenden und wenig geschnittenen Birnensämling (ca. 35 Jahre alt); auffällig ist die Zwieselkronenbildung, die bei vielen Baumarten (u. a. bei Mostbirnen) ohne Erziehungsschnitt von Natur aus entsteht.*

Abb. 1.10: *Gesetz der Spitzenförderung am Beispiel eines nicht geschnittenen einjährigen Triebes beim Apfel; abhängig von der Sorte sind nach einem Jahr die Austriebe unterschiedlich stark (links Topaz, rechts Boskoop).*

Abb. 1.11: Gesetz der Oberseitenförderung: Austriebe an einem fast flach stehenden Apfeltrieb

Oberseitenförderung

Bei flach stehenden Ästen treiben aufgrund der geringen apikalen Dominanz Knospen auch an der Basis stärker aus. Die Triebkraft verteilt sich auf viele Knospen, es entstehen somit mehrere, aber schwächere Austriebe vor allem auf der Oberseite des Triebes.

Flach stehende Triebe bilden Blütenknospen (= **Garnierung**) und ermöglichen es dem Baum, rasch in den Ertrag zu kommen, was ihn zugleich im Wuchs bremst.

Dies lässt sich durch Schnitt sowie Formieren (z. B. Flachstellen) beeinflussen.

Scheitelpunktförderung

Kommt ein Trieb beispielsweise durch zu starkes Formieren unter die Horizontale, so werden die am höchsten Punkt (= **Scheitelpunkt**) gelegenen Knospen am stärksten gefördert und produzieren steil aufrecht stehende Triebe, während der nach unten gerichtete Teil (inkl. Triebspitze) an Wuchskraft verliert und nur schwach austreibt.

Dasselbe passiert, wenn sich ein Trieb durch das Fruchtgewicht nach unten senkt. Es bilden sich im Bereich des Scheitelpunktes meist stärkere Austriebe, welche das nach unten gebogene ältere Fruchtholz ersetzen können. Der abgetragene Astbereich wird entfernt und auf einen neuen Trieb zurückgesetzt, welcher wiederum im Folgejahr durch Fruchtbehang nach unten wandert und am neuen Scheitelpunkt „Ersatztriebe" bildet. Durch diese **Fruchtholzrotation** wird immer wieder neu für vitales, junges Fruchtholz gesorgt (siehe Abb. 1.12 und 1.13).

Stärke des Rückschnitts (Anschnittlänge)

Wie schon bei der Spitzenförderung weiter oben erwähnt, kommt es bei einem nicht geschnittenen Trieb zum stärksten Austrieb an der Spitze. Wird nun die Triebspitze z. B. durch Anschneiden entfernt, treibt die jetzt am höchsten gelegene Knospe am stärksten aus. Außerdem entstehen Austriebe tiefer liegender Knospen, die ansonsten aufgrund der Hemmung nur schwach oder gar nicht wachsen würden. Die Stärke des Rückschnittes hat dabei einen wichtigen Einfluss.

Abb. 1.12: Durch die Fruchtlast gebogener Marillenast mit einem Neuaustrieb, auf den nach der Ernte zur Fruchtholzverjüngung abgeleitet werden kann.

Abb. 1.13: Gesetz der Scheitelpunktförderung bei einem Zwetschkenast: Die steil stehenden Neutriebe ermöglichen eine Fruchtholzerneuerung durch Ableiten auf einen günstig stehenden Jungtrieb nach der Ernte (mehrere Möglichkeiten sind durch Pfeile im Bild dargestellt).

Bei **starkem Rückschnitt** verteilt sich die Wuchskraft auf wenige verbliebene Knospen, aus denen sich kräftige Langtriebe entwickeln. Dies findet Anwendung beim Pflanz- und Erziehungsschnitt, vor allem bei Kronenbäumen. Auch bei Obstarten, die am einjährigen Holz sehr stark fruchten (z. B. Pfirsich, Weinrebe), wird so geschnitten, um den Fruchtansatz zu reduzieren bzw. um die Bildung starker Fruchttriebe fürs nächste Jahr anzuregen (Trieb B + B1 in Abb. 1.15).

Bei **schwachem Rückschnitt** verbleibt ein Großteil der Knospen am Trieb und die Wuchsreaktion jeder einzelnen Knospe fällt somit eher schwach aus. (Trieb A + A1 in Abb. 1.15).

Bei **Schnitt auf Stummel** kommt es meist zum Austrieb von basisnahen schlafenden Knospen. Dies wird gezielt angewendet, um Neuaustriebe zu erzielen, die je nach Obstart in der Folge zum Astaufbau oder sofort als Fruchtholz genutzt werden können. (siehe Abb. 1.14)

Abb. 1.14: Starke Neutriebbildung bei einem Apfelbaum nach Schnitt auf Stummel im vorigen Winter

Abb. 1.15: *Reaktion auf einen Wechselschnitt beim Pfirsich; der im letzten Jahr zur Fruchtbildung nur wenig eingekürzte Trieb A (Bild 1) hat nur schwache Austriebe gemacht, während der im letzten Jahr zur Verjüngung auf einen kurzen Zapfen geschnittene Trieb B stark ausgetrieben ist (Bild 1); derselbe Trieb wird nach dem gleichen Prinzip geschnitten wie im Vorjahr: der abgetragene Trieb A wird auf den jüngeren abgeleitet (C); von diesem bleibt vorne ein langer Fruchttrieb, der etwas eingekürzt wird (A1), und hinten ein kurzer Zapfen stehen (B1) (Bild 2 nach dem Schnitt).*

Schnittführung und Wundverheilung

Anschneiden = Einkürzen eines einjährigen Triebes

Es wird auf eine Knospe angeschnitten, die in die gewünschte Wuchsrichtung zeigt. Der Schnitt erfolgt leicht schräg in Richtung der Knospenspitze; die Schnittwunde ist dadurch im Saftstrom und kann leicht zuwachsen. Es wird kein Stummel belassen, da dieser nicht versorgt wird, abstirbt und eine Eintrittspforte für Holzkrankheiten darstellt. Bei zu kurzem Schnitt besteht die Gefahr, dass die Knospe mit dem Schnittwerkzeug verletzt wird oder austrocknet (siehe Abb. 1.16).

Ableiten = Zurücknehmen eines langen Astes auf einen tiefer stehenden Trieb

Auf diese Art können Ast- oder Stammverlängerungen stark gekürzt werden. Idealerweise wird an der Schnittstelle ein Trieb belassen, der in die gewünschte Richtung geht. Ähnlich wie beim Anschneiden wird schräg im Verlauf zum verbleibenden Ast geschnitten, damit die Schnittwunde optimal verheilt (siehe Abb. 1.17).

Wegschneiden (= Abschneiden) = Entfernen eines Triebes an der Basis

Wichtig ist hierbei, dass beim Entfernen von Ästen „auf Astring" geschnitten wird. Der Astring ist meist als Ausstülpung des Stammes an der Stelle zu erkennen, wo der Ast vom Stamm weggeht. Er ist Teil des Stammes und sorgt für eine rasche Wundheilung und muss daher geschont werden. Im Vergleich zum stammparallelen Schnitt bleibt die Schnittwunde deutlich kleiner, wodurch es zu keiner Beschädigung des Stammes kommt. Dadurch wird das Verheilen und Zuwachsen der Wunde wesentlich erleichtert (siehe Abb. 1.18 und 1.19).

Anschneiden

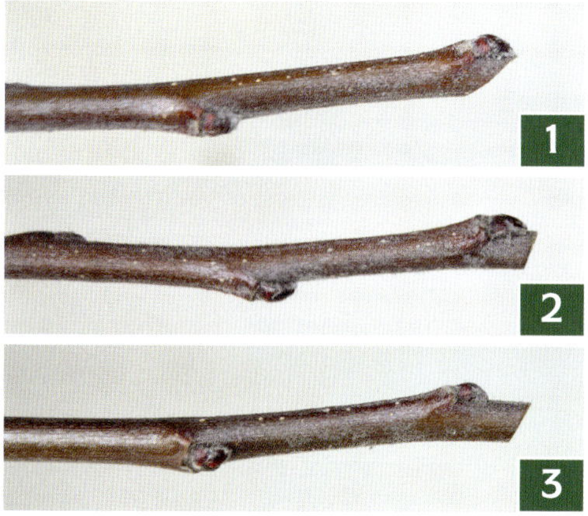

*Abb. 1.16: Anschneiden eines einjährigen Apfel-Langtriebes auf eine Knospe: zu kurz **(1)**, richtig **(2)**, zu lang **(3)***

Ableiten

Abb. 1.17: Zurücknehmen der Stammverlängerung bei einer Pfirsichspindel durch Ableiten auf einen tiefer stehenden Trieb

Wegschneiden

Abb. 1.18: Richtige Schnittführung auf Astring beim Wegschneiden eines Konkurrenztriebes an einem jungen Kirschenbaum

Abb. 1.19: Beim Abschneiden brechen größere Äste oft durch ihr Eigengewicht, bevor der Schnitt zu Ende geführt ist. Dabei werden Teile der Rinde mitgerissen, was zu Wunden am Stamm führen kann. Um dies zu verhindern, erfolgt das Abschneiden in zwei Schritten: Zuerst wird ca. fünf bis zehn Zentimeter vom Stamm auf der Unterseite ein Drittel bis zur Hälfte tief eingeschnitten; dann wird von oben geschnitten, sodass der Ast ohne Reißen bricht. Der verbliebene Stummel wird dann in einem zweiten Schnitt auf Astring entfernt.

Abb. 1.20: Die drei Schnittarten im Überblick: Anschneiden, Wegschneiden, Ableiten

Verheilung von Schnittwunden

Neben der richtigen Schnittführung, also Belassen des Astringes, ist besonders bei Arten, bei denen Krankheitserreger über Schnittstellen eindringen können, der richtige Schnittzeitpunkt entscheidend. Details dazu finden sich in der Beschreibung der einzelnen Obstarten.

Wichtig ist zu wissen, dass die Pflanzen nur während der Vegetationszeit, also zwischen April und Ende September Abwehrkräfte mobilisieren und aktiv Wunden abschotten können. Wird daher im Spätherbst oder Frühwinter geschnitten, so stehen die Wundstellen für längere Zeit offen und können Eintrittspforten für Krankheitserreger sein. Es empfiehlt sich daher, empfindliche Arten wie Steinobst am besten in der Vegetationszeit zu schneiden. Der Erfolg der sehr zeit- und kostenintensiven Verwendung von Wundverschlussmitteln ist umstritten, daher werden sie in der Praxis kaum eingesetzt. Sie sind nur sinnvoll bei sofortiger Anwendung unmittelbar nach dem Schnitt im Spätherbst oder Winter. Zu diesem Zeitpunkt ist es aber besser, empfindliche Arten gar nicht zu schneiden (Ausnahme: Pflanzschnitt nach einer Herbstpflanzung). Beim Winterschnitt von Apfel oder Birne, die wenig empfindlich auf Wunderreger reagieren, wird üblicherweise kein Wundverschluss verwendet.

Zur Vorbeugung von ansteckenden Bakterienkrankheiten (z. B. Feuerbrand beim Kernobst) empfiehlt es sich, vor allem in Obstanlagen mit bereits vorhandenem Befall, die Schnittarbeiten bis Ende Februar abzuschließen, da zu diesem Zeitpunkt aufgrund der tiefen Temperaturen kaum Übertragungen möglich sind. Außerdem sollte das Werkzeug vorbeugend desinfiziert werden.

Während der Vegetationszeit sollten Arbeiten wie Formieren, Pinzieren, Entfernen von Konkurrenztrieben (Reißen ist besser als Schneiden!) oder Handausdünnen nur bei trockener Witterung durchgeführt werden. In akut befallenen Anlagen sollte auf einen Sommerschnitt (Ausnahme: Entfernen von mit Feuerbrand befallenen Ästen) verzichtet werden.

Faustregel!

Damit die beim Schnitt entstandenen Wunden ordentlich verheilen können, sollten sie, wenn möglich, nicht größer als etwa faustgroß (< ca. zehn Zentimeter Durchmesser) sein.

Abb. 1.21: *Die Flamme einer Lötlampe ermöglicht eine sehr schnelle und effektive Desinfektion von Schnittwerkzeugen; um die Ausbreitung von Krankheiten (z. B. Feuerbrand) zu verhindern, sollten die Schnittflächen der Werkzeuge öfter (ein- bis zweimal am Tag), zumindest aber vor und nach jedem Anlagen- bzw. Ortswechsel, desinfiziert werden.*

Abb. 1.22: *Verheilung von Schnittwunden bei einem Birnenbaum, Kallusbildung von allen Seiten ein Jahr nach dem Schnitt auf Astring (oben); Schnittstelle (drei Jahre alt) außen schon sehr schön von Kallus zugewachsen. Sehr gut sichtbar ist, dass der Wundverschluss vom Astring ausgeht (unten).*

Abb. 1.23: *Schlechte Verheilung nach dem Wegschneiden eines Astes aufgrund eines stammparallelen Schnitts*

Abb. 1.24: *Zu große Eingriffe zur falschen Zeit und schlechte Schnittführung führen zu mangelhafter Verheilung von Wunden am Stamm in Verbindung mit Gummifluss (oben) und Pilzbefall (unten) bei einem Süßkirschenbaum.*

Weitere Möglichkeiten der Wuchsregulierung

Formieren

Wie schon bei den Wuchsgesetzen (siehe Seite 19) erwähnt, hat die Position eines Triebes Einfluss auf Wachstum und Fruchtbarkeit. Je steiler er steht, umso mehr entwickelt er sich vegetativ, je flacher, umso eher wird er generativ. Zur Förderung der Fruchtbarkeit, besonders bei jungen und starkwüchsigen Bäumen, empfiehlt sich das Belassen von eher flach oder mäßig starken Ästen beim Schnitt, steilere Triebe werden dagegen mit verschiedenen Hilfsmitteln flach zu stellen versucht (= Formieren). Dies ist das ganze Jahr über möglich, wobei die Triebe in der Vegetationszeit biegsamer sind und weniger leicht ausreißen. Idealerweise werden die Äste leicht ansteigend formiert, also nicht waagrecht oder gar tiefer, damit es aufgrund des Gesetzes der Oberseitenförderung nicht zu starken Neutrieben an der Basis oder in der Mitte kommt (siehe Abb. 1.25).

Abb. 1.25: *Formieren mit Hilfsmitteln (Bindeschnur, Spreizholz, käufliche Formierhilfe)*

Pinzieren

Bei dieser Methode werden bei Jungbäumen und in der Baumschule die Triebspitzen von Konkurrenztrieben mit den Fingernägeln oder der Baumschere entfernt, um ihren Wuchs zu bremsen, ohne sie ganz zu beseitigen. Dies geschieht in der Hauptwachstumszeit. Wenn sie dann später noch einmal austreiben, hat der Haupttrieb inzwischen einen wesentlichen Wuchsvorsprung.

Bei einigen Obstarten mit starkem Wuchs, z. B. bei Marille und Birne, wird das Pinzieren von starken Langtrieben Ende Mai bzw. Anfang Juni durchgeführt, um einen neuerlichen Austrieb mit Bildung von Kurztrieben und der Anlage von Blütenknospen zu induzieren. Dasselbe passiert beim mechanischen Schnitt, der üblicherweise bei einer Trieblänge von ca. 10 bis 15 Zentimetern durchgeführt wird (siehe Abb. 1.26).

Kerben

Diese Methode wird angewandt, um schwache oder schlafende Knospen zum Austrieb zu bringen und somit eine bessere Garnierung von Kahlstellen bei Jungbäumen zu erzielen. Dabei wird im Spätwinter, beispielsweise mit einer Säge, oberhalb einer Knospe leicht ins Holz eingeschnitten; dies führt zu Saftstau und einem stärkerem Austrieb der Knospe darunter (siehe Abb. 1.27).

Abb. 1.27 (oben): *Gekerbte Stelle mit beginnendem Austrieb bei einem jungen Kirschbaum* **(1)**; *ein starker Seitenaustrieb unterhalb der gekerbten Stelle bei einer jungen Kirschenspindel wurde mit einem Zahnstocher formiert (2).*

Abb. 1.26 (links): *Schwächung von Konkurrenztrieben durch Pinzieren an einem jungen Apfelbaum in der Baumschule* **(1 + 2)**; *Neuaustrieb an einem Zwetschken-Langtrieb nach Entfernen der Triebspitze durch ein mechanisches Schnittgerät* **(3)**

Einsägen des Stammes

Diese Methode eignet sich gut, um bei Einzelbäumen in einer Anlage den Wuchs zu bremsen.

Der Stamm wird mit einer (Motor-)Säge an zwei Stellen, ca. zehn Zentimeter über der Veredelungsstelle und versetzt ca. 35 bis 40 Zentimeter darüber eingeschnitten. Dabei werden die Saftleitbahnen durchtrennt, was eine Verringerung des vegetativen Wachstums zur Folge hat. Die zwei Einschnitte sollen ca. einen Zentimeter breit sein und sich überlappen.

Je stärker das Wachstum des Baumes, desto tiefer und breiter sollte eingeschnitten werden.

Der beste Termin für das Einschneiden ist die Blütezeit.

Abb. 1.28: *Eingesägter Stamm bei einer Apfel-Spindel zur Wuchsberuhigung*

Wurzelschnitt

Wächst eine ganze Anlage zu stark, empfiehlt sich ein Wurzelschnitt mit einem per Traktor gezogenem Gerät. Hierbei werden die Wurzeln längs der Baumreihe mit einem geraden (senkrecht im Boden), schrägen (ca. 45°) oder gebogenen (U-)Messer durchtrennt, was die Wasser- und Nährstoffaufnahme vermindert. Die Intensität wird durch die Schnitttiefe (40 bis 70 Zentimeter), den Abstand zum Stamm (50 bis 30 Zentimeter) und die Messerstellung reguliert. Dadurch kann eine effiziente und schnelle Wuchsregulierung in stark wachsenden oder alternierenden Anlagen, wie z. B. nach einem Spätfrostereignis, erfolgen, was die Fruchtqualität bei Unterbehang (Fruchtfleischfestigkeit, Stippe, ...) und zugleich die Blütenknospenbildung für das Folgejahr erhöht sowie den Schnittaufwand verringert (siehe Abb. 1.29).

Für den erstmaligen Einsatz empfiehlt sich im Zeitraum Jänner bis März eine einseitige Behandlung in einer Tiefe von 40 Zentimetern bei 40 Zentimeter Abstand vom Stamm mit geradem Messer oder 50 Zentimeter Tiefe bei 50 Zentimeter Abstand mit schrägem Messer. Sollte die Wuchsreaktion dennoch zu stark ausfallen, kann der Schnitt im Juni mit geringerem Abstand wiederholt werden oder für eine stärkere Wirkung an der gegenüberliegenden Seite gesetzt werden. Für eine starke Wuchsbremsung kann auch ein beidseitiger Schnitt erfolgen. Zu beachten ist, dass jeder Schnitt in der Vegetationszeit Trockenstress verursachen kann, wenn keine Möglichkeit einer Zusatzbewässerung besteht. An trockenen Standorten ohne Bewässerung erfolgt der Wurzelschnitt daher am besten nach der Ernte, wodurch bei moderater Wirkung die geringste Gefahr von Trockenstress besteht.

Der Einsatz von schrägen oder gebogenen Messern ist effizienter und schont aufgrund der Schnittweise die Faserwurzeln im oberflä-

Abb. 1.29: Wurzelschnittgerät im Einsatz (Fotos: Matthias Weichhart)

chennahen Bereich, wohingegen tiefer gehende Hauptwurzeln durchtrennt werden.

Bei unsachgemäßer Anwendung oder zu starkem Rückschnitt können viele und zu kleine Früchte, eine zu geringe Neutriebbildung sowie eine dauerhafte Schädigung der Wuchsleistung des Baumes die Folge sein. Der Schnitteingriff sollte nicht bei anhaltender Trockenheit (Trockenstress) oder sehr nassen Verhältnissen (Bodenverdichtung) stattfinden. Während der Zellteilungsphase (Blüte bis T-Stadium) sollte der Wurzelschnitt an Bäumen mit Fruchtbehang ebenfalls unterbleiben, da hier eine erhöhte Gefahr der Berostung besteht. Als Grundsatz gilt, besser häufiger geringe Eingriffe durchführen und extreme Schnitte vermeiden.

Mechanischer Schnitt

Ziel ist es, eine heckenartige Fruchtwand zu bekommen, die ca. 40 bis 80 Zentimeter breit und leicht zum Bearbeiten und Ernten ist. Dazu werden vom Traktor angetriebene, an einem Balken montierte und schwenkbare Schneidgeräte verwendet (siehe Abb. 1.30), die für einen Durchgang ca. zwei bis fünf Stunden Arbeitszeit/Hektar benötigen. Bei der Umstellung einer normal geschnittenen Spindelanlage wird das erste Mal im Spätfrühling kurz vor dem Austrieb mit der Maschine geschnitten; zuvor werden besonders starke Äste bereits mit der Hand herausgenommen.

Danach wird immer in der Vegetationszeit (Ende Mai bis Anfang Juni) geschnitten, beim Apfel im T-Stadium bei ca. 10 bis 15 Blättern pro Trieb, was oft zu einem Nachtrieb führt. Der Wipfel wird während der Vegetation oder nach der Ernte geschnitten, um eine zu starke Wuchsreaktion zu verhindern. Nach wie vor ist

Abb. 1.30: *Apfelspindelanlage, linke Reihe mit der Maschine, rechte Reihe mit der Hand geschnitten am Versuchszentrum Augustenberg (oben links); dasselbe in einer Kirschenanlage (oben rechts); schwenkbarer Balken mit Fingermähgerät am Traktor aufgebaut und Messer im Detail (unten).*

es sinnvoll, im Winter einen Korrekturschnitt mit der Hand zu machen, um Konkurrenztriebe und hängendes Holz zu entfernen und steil nach oben gerichtete Triebe, die nicht von der Maschine erfasst wurden, einzukürzen. Die Methode wird meist mit der mechanischen Blütenausdünnung mit einem vertikal rotierenden Fadengerät kombiniert. Dadurch ist es möglich, auch bei stark alternierenden Sorten einen regelmäßigen Ertrag zu gewährleisten.

Vorteile der Methode sind weniger Wuchs und weniger Langtriebe sowie eine bessere Garnierung zum Stamm hin, eine einheitliche Fruchtgröße und -ausfärbung, weniger Sonnenbrand an den Früchten und eine höhere Pflückleistung. Als Nachteile sind eine geringere Ernte während der Umstellung und etwas kleinere Früchte sowie häufiger Blutlausbefall an den Schnittstellen zu nennen. Außerdem wird ein stärkeres Unterstützungsgerüst benötigt. Speziell bei überbetrieblichem Einsatz ist auf eine mögliche Verbringung von Krankheiten, wie beispielsweise Feuerbrand, zu achten und durch Desinfektion der Schnittelemente vorzubeugen.

Insgesamt können ca. 40 bis 80 % der Arbeitskraftstunden beim Schnitt und 10 % bei der Ernte eingespart werden, was das System in Zukunft sehr interessant macht.

Folgerungen zu den Schnittgesetzen

Steil stehende Triebe und starkes Schneiden führen zu einem kräftigen Wuchs, während flach stehende Äste und wenig oder nicht Schneiden weniger Wachstum und eine verstärkte Blütenknospenbildung zur Folge haben.

Ein alter Baum mit geringem Zuwachs kann durch starken Schnitt wieder zur Bildung von kräftigen, jungen Trieben angeregt werden. Ein stark wachsender Baum hingegen kann mit schwachem Schnitt oder Formieren beruhigt und zum Fruchten gebracht werden.

Jungbäume, die wenig oder gar nicht geschnitten werden, tragen tendenziell früher Früchte als solche, die stark geschnitten werden. Ebenso müssen Sorteneigenheiten bei der Wahl der Schnittstärke berücksichtigt werden. Stark wachsende Sorten werden vorsichtig geschnitten, während schwach wachsende, die sehr fruchtbar sind, einen stärkeren Schnitt benötigen, um zu verhindern, dass sie durch zu geringes Wachstum und das dadurch entstehende ungünstige Blatt-Fruchtverhältnis nur kleine Früchte produzieren.

Abb. 1.31: *Zusammenhang von Aststellung und Fruchtbildung*

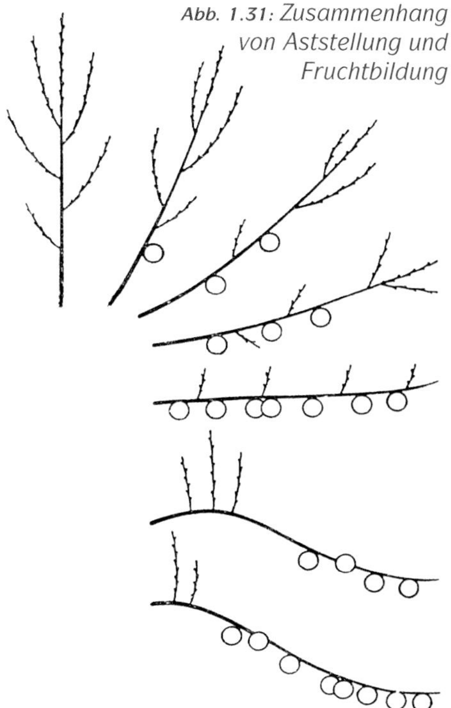

(Zeichnung von Duhan, Institutsarchiv)

Schnittzeitpunkt

Beim Schnitt in der Vegetationsruhe ist das darauffolgende Wachstum am stärksten, vor allem bei einem frühen **Winterschnitt** (Dezember bis Jänner). Je später geschnitten wird (Februar bis April), umso schwächer reagiert der Baum, denn er steht schon mehr im Saft und mit jedem Ast werden auch Reservestoffe weggeschnitten.

Schneiden in der Hauptvegetationszeit (Mai, Juni) bremst den Wuchs am stärksten; dieser Effekt wird beim Einkürzen wüchsiger Gipfelpartien unterm Hagelnetz sowie beim mechanischen Schnitt genutzt. Um diese Zeit können auch Konkurrenztriebe entfernt oder pinziert werden. Zu diesem frühen Zeitpunkt kommt es meist zum Neuaustrieb von Knospen unter den Schnittstellen, die aufgrund der langen Vegetationszeit meist noch gut verholzen können.

Wird dagegen ein **Sommerschnitt** vor oder kurz nach Triebabschluss durchgeführt, kann dies besonders bei wüchsigem Wetter zum „Durchtreiben" von bereits abgeschlossenen, verholzten Knospen führen. Diese Neutriebe verholzen dann oft schlecht und sind nicht frosthart. Auch die Blütenknospenbildung, die im Normalfall an einer solchen Endknospe stattgefunden hätte, unterbleibt. Der beste Zeitpunkt für den Sommerschnitt ist daher deutlich nach Triebabschluss (ab Mitte Juli), wenn kein Austrieb mehr zu erwarten ist. Beim Steinobst kann also nach der Ernte geschnitten werden, aber nicht zu spät (bis Ende August) im Jahr, damit noch eine Wundreaktion stattfinden kann.

Stark beschattete Früchte bekommen durch einen Sommerschnitt vor der Ernte mehr Licht und damit eine bessere Fruchtqualität. Aber aufgepasst: An einem sehr heißen und sonnigen Tag kann das zu Sonnenbrand an bis dato im Schatten hängenden Früchten führen.

Details zum jeweils idealen Schnittzeitpunkt sind bei den einzelnen Obstarten zu finden.

Werkzeug

Einige in der Praxis beim Baumschnitt häufig eingesetzte Geräte sind in Abbildung 1.32 dargestellt. Generell empfiehlt es sich, beim Kauf auf Qualität zu achten, denn nur gutes und hochwertiges Werkzeug ermöglicht eine erfolgreiche Arbeit.

Abb. 1.32: *Klappsäge (1), Baumsägen mit verstellbarem Sägeblatt (1 + 2), Astschere (2), Handschere (3) und Elektroschere (4), Druckluftschere (5) und fahrbares Gerät mit Motor zur Drucklufterzeugung (6)*

Vorgangsweise beim praktischen Schneiden

- Bevor ich beginne, schaue ich auf meine Verfassung und die eigene Sicherheit beim Arbeiten. Vor allem bei größeren Baumformen sind z.B. Wetter und Tagesverfassung zu beachten, geeignetes Schuhwerk, Ausrüstung, Werkzeug und Leiter zu kontrollieren; zuerst sollte ich ein paar tiefe Atemzüge zum Einstimmen und Konzentrieren machen und vor allem Schulter-, Arm- und Handmuskeln aufwärmen.
- Mit dem Baum Kontakt aufnehmen, ein paar Schritte zurücktreten, ihn von allen Seiten genau anschauen und folgende Fragen stellen:

> Wie schaut es mit dem Wachstum aus, wie lang sind die Triebe aus dem letzten Jahr?
> Wie schaut der Blütenknospenansatz aus?
> Ist er im physiologischen Gleichgewicht?
> Wann und wie wurde er zuletzt geschnitten und wie hat er darauf reagiert?
> Wie hoch ist der Baum jetzt, wie hoch sollte er zweckmäßigerweise sein?
> Wie geht es dem Baum und was benötigt er jetzt?

- Ziel des Schnittes definieren, z.B. Baumhöhe begrenzen, Baum wieder zugänglich machen, für mehr Belichtung im Inneren sorgen, junges und vitales Fruchtholz fördern und überlegen, was dazu jetzt gemacht und in welchem Zeitraum es erreicht werden kann.
- Sich grob vorstellen, wie der Baum nach dem Schnitt aussehen soll; den Fokus darauf ausrichten, was stehen bleibt, nicht was wegkommt.
- Bei der Umsetzung werden zuerst die großen Dinge erledigt: (künftigen) Mitteltrieb bzw. Stammverlängerung aussuchen, neue Höhe festlegen, z.B. durch Ableiten; Konkurrenztriebe und störende Triebe entfernen; dasselbe geschieht mit den Leitästen.
- Wenn die Alternative besteht, lieber wenige etwas größere Schnitte machen als viele kleine; das geht schneller und erzeugt in Summe weniger Wundflächen.
- Schnittarbeiten, wenn möglich, immer von oben nach unten durchführen; dies vermeidet zum einen nachträgliche Beschädigungen bereits geschnittener Baumpartien durch die arbeitende Person oder fallende Äste; durch Festlegen der Höhe und vorheriges Schneiden im oberen Bereich werden die Schnitt-Arbeiten im unteren Baumbereich wesentlich beeinflusst, d.h., es bleibt unten in der Regel mehr stehen, was wünschenswert ist, wenn man den Baum langfristig niedrig halten möchte.
- Nach dem Schnitt noch einen Blick auf den Baum werfen: Was liegt an Schnittholz am Boden? Wie geht es dem Baum jetzt? Habe ich mein Ziel erreicht? Gibt es noch etwas Wichtiges zu korrigieren?

Abb. 1.33: *Ein seit längerer Zeit nicht geschnittener Zwetschkenbaum ist zwar noch ausreichend vital, aber kopflastig und im unteren Bereich etwas verkahlt; er ist zudem schwer zugänglich, was die Ernte schwierig bzw. gefährlich macht. Ziel ist es, ihn wieder etwas niedriger und unten und innen lichter und luftiger zu machen. Der Mitteltrieb wird auf einen aufrecht stehenden mehrjährigen Ast abgeleitet **(1)**, der die neue Stammverlängerung bildet; sein steil stehender Konkurrenztrieb wird entfernt **(2)**, während flach stehende Äste bleiben; ein sehr starker Leitast (rechts) wird auf einen flacher verlaufenden Ast abgeleitet **(3)**. Alles andere wird zunächst einmal nicht angerührt. So wird mit wenigen Eingriffen der Grundstein gelegt, weitere Schritte erfolgen in den nächsten Jahren.*

Entwicklungsstadien eines Baumes und dazugehörige Schnittmaßnahmen

Jugendphase

Diese Phase beginnt bei einem natürlich wachsenden Baum mit der Keimung aus einem Samen und der Entwicklung von einem Jungtrieb zu einem Baum; sie ist geprägt von starkem, vegetativem Wachstum, das sich in der Bildung von Langtrieben äußert. Abhängig von Standort, Obstart und Sorte kann es bis zu 20 Jahre dauern, bis das Höhenwachstum sich immer mehr beruhigt und der Baum mit dem Blühen beginnt und dann zunehmend in den Ertrag kommt.

Wenn wir heute einen fertigen Baum zum Pflanzen kaufen, so hat er seine „Kinderstube" bereits in der Baumschule hinter sich; mit dem **Pflanzschnitt** wird die Jugendphase eingeleitet, die in den nächsten Jahren mit dem folgenden **Erziehungsschnitt** weitergeführt wird. Ziel ist es, den Jungbaum in die gewünschte Form bzw., je nach Ausrichtung, mehr oder weniger rasch in den Ertrag zu führen.

Ertragsphase

Wenn das Höhenwachstum nachlässt, kommt der Baum von der vegetativen Phase immer mehr in die generative, das heißt zum Fruchten. Die Dauer dieser Phase hängt stark von dem Gleichgewicht zwischen Zuwachs und Fruchtbarkeit ab.

Ziel ist es, den Baum möglichst lange in dieser „Ertragsphase" zu erhalten und darauf zu achten, dass die Form erhalten bleibt. Dieser **Erhaltungsschnitt** regt den Baum zu einem ausreichenden Wachstum an, um immer wieder junges Holz und vitale Blütenknospen zu bilden. Unterbleibt dies, nehmen Ertrag und Fruchtqualität rasch ab.

Altersphase

In dieser Phase wird der Zuwachs immer geringer, der Baum wird dichter und vergreist, Ertrag bzw. Fruchtqualität nehmen ab. Die Krone verliert an Volumen, da einzelne Partien von außen her absterben. Manchmal versucht sich der Baum von selber durch Neuaustriebe aus dem alten Holz zu regenerieren, was aber ohne Unterstützung nur selten funktioniert. Langsam, aber sicher geht die Vitalität des Baumes immer mehr zurück, bis er schließlich komplett abstirbt.

Durch einen am besten auf mehrere Jahre aufgeteilten **Auslichtungsschnitt** können zu dichte, nicht gepflegte oder überalterte Bäume wieder zu neuem Wachstum angeregt werden, wodurch Ertrag und Lebensdauer verlängert werden können (siehe Abb. 1.34 auf S. 36).

Pflanzung

Wichtig ist es, den Boden für die Pflanzung gut vorzubereiten. Er sollte möglichst fein krümelig und frei von Wurzelunkräutern sein. Am besten eignet sich dafür eine zwei- oder mehrjährige Gründüngung mit Leguminosen nach einer Tiefenlockerung. Dann wird der Boden umgebrochen, z. B. mit dem Spatenpflug, und abschließend mit der Kreiselegge bearbeitet, um ihn fein krümelig zu machen. Eine der wichtigsten vorbeugenden Pflanzenschutzmaßnahmen ist es, genügend weite Pflanzabstände zu verwenden (Details siehe bei den Obstarten)!

Außerdem ist der Bezug gesunder und gut entwickelter Pflanzen besonders wichtig.

Zeitpunkt

Für die Pflanzung von wurzelnackten Bäumen kommen der Herbst (Oktober/November) oder der Frühling (März/April) in Frage.

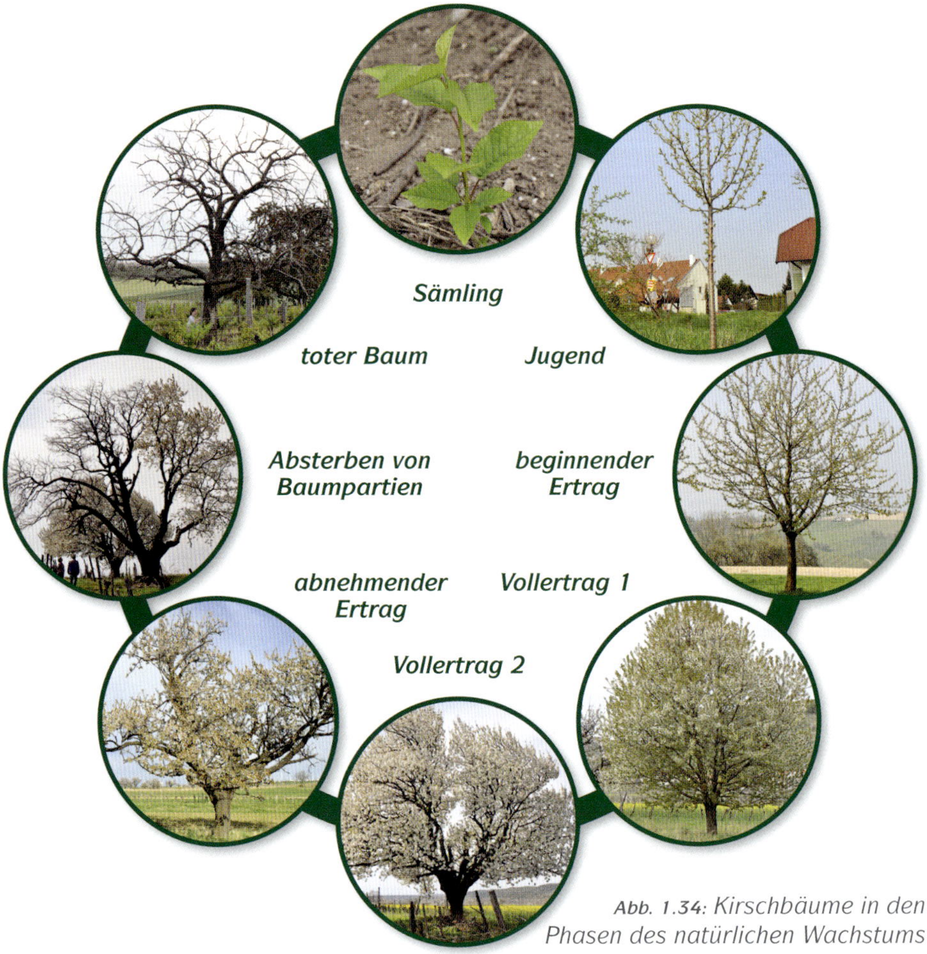

Abb. 1.34: Kirschbäume in den Phasen des natürlichen Wachstums

Der Vorteil der Herbstpflanzung ist, dass die Pflanzen bereits über den Winter anwurzeln und früher austreiben, wodurch sie, speziell in Jahren mit trockenem Frühjahr, besser anwachsen. Nachteilhaft ist die Gefahr von Schäden oder Ausfällen durch Winterfrost oder bei mangelndem Schutz durch Wildverbiss oder Mäuse. Gegen Holzfrost empfindliche Arten sollten sicherheitshalber im Frühjahr gepflanzt werden, dazu gehören: Pfirsich, Mandel, Quitte, Walnuss, Weinrebe, Kiwi, Edelkastanie sowie alle Pflanzen, die aus südlichen Gefilden stammen und sehr wärmeliebend sind, wie z. B. Feige, Olive usw.

Bäume in Containern können grundsätzlich zwar das ganze Jahr über gepflanzt werden, aber auch hier sind die oben genannten Zeitpunkte günstigster als eine Pflanzung mitten im Sommer.

Vorgangsweise bei der Pflanzung

In der Praxis werden speziell Bäume auf schwach wachsenden Unterlagen oft mit einem Pflanzpflug gepflanzt. Wird mit der Hand gesetzt, sollte das Pflanzloch etwas größer als das Wurzelvolumen des Baumes sein, damit sich die Wurzeln gut darin entwickeln können. Keineswegs sollen sie mit Pflanzenresten in Berührung kommen. Falls es Wühlmäuse gibt, wird am besten in einen feinmaschigen Drahtkorb gepflanzt. Bei Einzelbäumen wird vor dem Pflanzen ein Pflock eingeschlagen.

Tipp!

Vor der Pflanzung Bäume am besten 12 bis 24 Stunden in einem Behälter in Wasser stellen, das eventuell mit einem pflanzenstärkenden Präparat (beispielsweise Kompostauszug, Mykorrhiza, wuchsfördernde Mikroorganismen, ...) versehen ist.

Beschädigte oder angebrochene Wurzeln werden mit der Baumschere bis ins gesunde Gewebe hinein entfernt. Der Baum kommt in die vorbereitete Pflanzgrube, dabei muss auf die richtige Pflanztiefe geachtet werden. Die Veredelungsstelle wird ca. zehn Zentimeter über dem Bodenniveau am besten gegen die Hauptwindrichtung (meist Westen) ausgerichtet, was die Gefahr des Ausbrechens an dieser Stelle verringert. Anschließend wird die Pflanzgrube mit möglichst feinkrümeliger Erde, allenfalls unter Zugabe von gut verrottetem Kompost, wieder gefüllt, wobei der Baum vorsichtig auf und ab bewegt wird. Zum Schluss wird die Erde festgetreten und anschließend kräftig gewässert, um die Hohlräume im Boden zu füllen und einen guten Bodenschluss der Wurzeln zu erzielen. Der Baum wird angebunden und es erfolgt der Pflanzschnitt.

Eine Gießmulde um den Baum erleichtert das Feuchthalten der Wurzeln in den ersten Wochen. Dieser Bereich sollte zumindest in den ersten Jahren als Baumscheibe frei von Unkräutern gehalten und/oder in der Vegetationszeit mit Mulchmaterial (ideal ist Kompost abgedeckt mit Grasschnitt, Blättern oder Stroh) abgedeckt sein. Bei anhaltender, starker Trockenheit während der Vegetationszeit muss vor allem im Pflanzjahr, aber auch in den nächsten Jahren, gelegentlich bewässert werden (siehe Abb. 1.35).

Ist der Obstgarten nicht eingezäunt, muss außerdem für einen Schutz gegen Wildverbiss gesorgt werden. Schilfmatten eignen sich dafür besser als Kunststoffspiralen, da Letztere im Sommer zu hohen Temperaturen im darunterbefindlichen Rindenbereich und nachfolgend zu Schäden im Kambium führen können. Bei Einzelbäumen sollen in den ersten Jahren Unterstützung und Stammschutz zumindest einmal im Jahr kontrolliert werden, um ein Einwachsen und Fegen am Baum zu vermeiden.

Pflanzschnitt

Der Pflanzschnitt dient als Ausgleich des in der Baumschule bei der Rodung verursachten Wurzelverlustes. Er stellt das Gleichgewicht zwischen Wurzel und Krone wieder her und leitet zugleich die Baumerziehung ein. Wird er unterlassen, folgt ein schwacher Austrieb, vor allem wenn wenig (Fein-)Wurzeln vorhanden sind.

Bei ungünstigen Voraussetzungen (z. B. starke Bäume mit wenig Wurzeln, langer Transport oder Lagerung von wurzelnackten Bäumen in Verbindung mit Austrocknen der Wurzeln, sehr später Pflanztermin im Frühling mit nachfolgendem heißen Wetter usw.) ist ein scharfer Rückschnitt sinnvoll, um ein sicheres Anwachsen zu gewährleisten.

Geschnitten wird möglichst sofort nach dem Pflanzen, um Wasser- und Nährstoffverluste zu vermeiden. Um ein Zurücktrocknen und Eindringen von Krankheitserregern zu verhindern, empfehlen wir bei Herbstpflanzungen, vor allem bei empfindlichen Obstarten (z. B. Steinobst), nach dem Schneiden die sofortige Versiegelung

Abb. 1.35: Baumpflanzung

der Schnittstellen mit einem Wundverschlussmittel. Oder es wird im Herbst bewusst ein kurzer Stummel belassen, der nach dem Austrieb noch einmal nachgeschnitten wird.

Erziehung von Halb- oder Hochstämmen als Pyramidenkrone

Diese Erziehung wird vor allem für Halb- oder Hochstämme verwendet, wobei ein stabiles Gerüst und eine lange Lebensdauer angestrebt werden.

Schnitt in der Jugendphase

Pflanzschnitt (siehe Abb. 1.36)

- Von den vorhandenen Trieben werden drei bis vier starke, aber nicht zu steil stehende (ideal ca. 45–60° zur Mittelachse) als zukünftige Leitäste ausgewählt. Sie sollen möglichst gleichmäßig in alle Richtungen und nicht zu knapp übereinanderliegend vom Hauptstamm weggehen.
- Zu steil stehende Konkurrenztriebe und nicht benötigte Triebe auf Astring entfernen.
- Vom schwächsten Trieb ausgehend die anderen Leitäste entsprechend in der Höhe anschneiden (Saftwaage); Rückschnitt auf nach außen stehende Augen.

> **Faustregel: Beim Kernobst ca. ⅓, beim Steinobst ⅔ der Trieblänge zurücknehmen, Mitteltrieb ca. um eine Scherenlänge höher lassen als die Leitäste.**

Erziehungsschnitt (siehe Abb. 1.37 und 1.38)
Er wird am besten im Spätwinter durchgeführt, und zwar so lange, bis die Krone des Baumes fertig aufgebaut ist (fünf bis zehn Jahre). Sofern Korrekturen an der Aststellung (Neigung) nicht schon im Sommer durchgeführt wurden, kann man dies jetzt mit Spreizhölzern oder Heraufbinden nachholen.

Bei der Erziehung von Pyramidenkronen ist zu beachten:

- Entfernen von Konkurrenztrieben und steil wachsenden Trieben im Bauminneren.
- Saftwaage bei der Höhe der Leitäste beachten.
- Wenn der Haupttrieb (an der Stammverlängerung oder am Leitast) sehr lang und wenig verzweigt ist, wird er allenfalls noch einmal eingekürzt (im 2. und 3. Jahr), um ein stabiles Gerüst zu erzielen. Später wird dann nur mehr auf passende Triebe abgeleitet.
- An den Leitästen werden Seitentriebe belassen, welche gut verteilt und untergeordnet sind. Am Stamm sollte der erste Seitenast mindestens 80 Zentimeter vom obersten Leitast entfernt sein, um ein späteres Verdichten der Krone zu vermeiden. Die übrigen entstandenen, waagrechten oder leicht nach oben oder unten stehenden Triebe werden als zukünftige Fruchtäste belassen und nicht angeschnitten.

Abb. 1.36: Birnenhochstamm ein Jahr nach der Pflanzung (links): Es wurde kein Pflanzschnitt durchgeführt, der Baum hat nur sehr schwach getrieben; um einen starken Austrieb zu erzielen, wird der Pflanzschnitt jetzt nachgeholt (rechts nach dem Schnitt).

Quelle: Duhan (Institutsarchiv)

Abb. 1.37: *Erziehungsschnitt einer Pyramidenkrone bei einem Apfelhochstamm; zwei Jahre (oben) und fünf Jahre nach der Pflanzung (unten) – jeweils vor (li.) und nach (re.) dem Schnitt.*

Quelle: Duhan (Institutsarchiv)

Abb. 1.38: *Erziehungsschnitt eines Apfelhalbstammes als Oeschbergkrone gezogen (Sorte „Krummstiel"/Sämling), vier Jahre (oben), sieben Jahre (Mitte) und elf Jahre (unten) nach der Pflanzung: Die Leitäste werden relativ lang belassen, um dem Mitteltrieb ausreichend Konkurrenz zu machen – jeweils vor (li.) und nach (re.) dem Schnitt.*

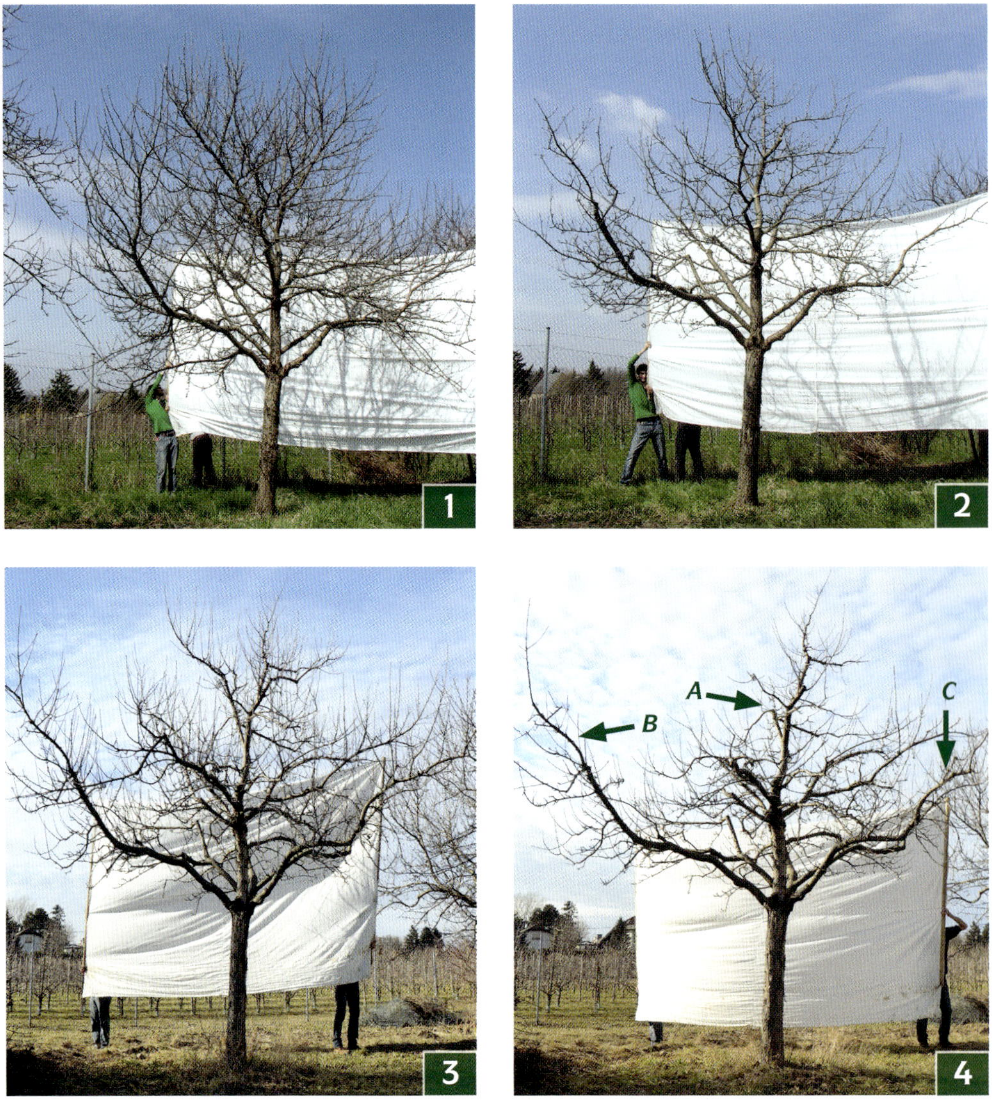

Abb. 1.39: *Apfelhalbstamm im Ertragsalter (oben nach 20 Jahren): Der Baum wurde als Pyramide gezogen, in den letzten Jahren aber nicht mehr geschnitten* **(1)**; *er ist sehr dicht im Inneren und etwas kopflastig. Im ersten Schritt werden einmal mit wenigen Schnitten einige Konkurrenztriebe an der Stammverlängerung und zu dicht stehende oder herabhängende Äste entfernt* **(2)**; *(unten der gleiche Baum zwei Jahre später* **(3)**): *Der Baum wird umgestellt auf eine Oeschbergkrone; im oberen Teil der Stammverlängerung wird ein starker Konkurrenztrieb auf einen flach weggehenden Seitenast abgleitet* **(A)**; *die starken Leitäste* **(B, C)** *im unteren Bereich werden bewusst lang belassen, um dem Mitteltrieb eine gewisse Konkurrenz zu bieten und den Baum breiter werden zu lassen. Im Inneren werden vor allem sehr steile und stark hängende Triebe herausgenommen* **(4)**.

Schnitt in der Ertragsphase (siehe Abb. 1.39)
Beim Erhaltungs- und Auslichtungsschnitt geht es darum, abgetragene, nach unten hängende Äste durch jüngere, waagrecht oder leicht aufwärts stehende zu ersetzen (> Fruchtholzrotation siehe Seite 20) und zu dicht stehende Triebe zu entfernen, um eine ausreichende Durchlichtung der Krone zu gewährleisten. Wurde der Baum längere Zeit nicht geschnitten, so macht es Sinn, ihn innerhalb von mehreren Jahren wieder in eine vernünftige Form zu bringen (siehe Beispiel Abb. 1.39).

Schnitt in der Altersphase
(siehe Abb. 1.40 und 1.41)
Üblicherweise reicht ein über mehrere Jahre verteilter Auslichtungsschnitt aus, um für den gewünschten Zuwachs zu sorgen. Dabei ist besonders bei Bäumen, die längere Zeit nicht geschnitten wurden, auf die Form zu achten.

Nur in seltenen Fällen (z. B. bei sehr hohen und unten verkahlten Apfel- oder Zwetschkenbäumen) macht ein starker Verjüngungsschnitt ins alte Holz Sinn; vor allem bei älteren Bäumen ist aber die Verheilung großer Schnittwunden immer problematisch. Die Krone wird dabei um ein Viertel bis ein Drittel zurückgenommen, wobei Leitäste und Mittelachse stark zurückgenommen werden. Auch hier ist vor allem darauf zu achten, dass möglichst auf Seitenäste abgeleitet wird und dass in den nachfolgenden Jahren eine entsprechende Nachbehandlung erfolgt. Überschüssige Langtriebe werden am besten in der folgenden Vegetationszeit mittels Riss entfernt, einige wenige günstig liegende dienen als neue Astverlängerungen und zum Aufbau von jungem Fruchtholz.

Erziehung als Spindel

Ziel bei dieser im Erwerbsanbau derzeit am häufigsten verwendeten Erziehung ist es, den Baum möglichst rasch in den Ertrag zu bringen.

Abb. 1.40: *Auslichtungsschnitt bei einem Birnenhalbstamm (oben vor, unten nach dem Schnitt); Ausgangssituation: Der Baum wurde im letzten Jahr kräftig verjüngt und hat mit starker Jungtriebbildung reagiert; vor allem innen und im oberen Teil stehen die Triebe zu dicht. Vorgegangen wird wie immer von oben nach unten, d. h., zuerst wird die Stammverlängerung von oben beginnend ausgelichtet, unter anderem wird ein starker Konkurrenztrieb mit der Säge entfernt* **(1)***. Von den Jungtrieben werden all jene lang belassen, die in die gewünschte Richtung bzw. nicht zu steil stehen; sie werden benötigt, um neues Fruchtholz aufzubauen und um den Wuchs wieder zu beruhigen.*

Abb. 1.41: *Starker Auslichtungsschnitt bei einem Apfelhalbstamm (links vor, rechts nach dem Schnitt); Ausgangssituation: Der Baum wurde vor drei Jahren an mehreren Stellen stark eingekürzt und hat mit starker Triebbildung im oberen Bereich reagiert, wo sich inzwischen sehr schönes Fruchtholz, allerdings zu dicht stehend, gebildet hat; innen und unten ist der Baum kahl. Zuerst wird die Stammverlängerung auf einen relativ geraden Jungtrieb* **(1)** *abgeleitet, ebenso werden zu steile Äste am Stamm entfernt* **(2a)** *oder auf flach stehende Triebe* **(2b)** *abgeleitet. Gleich verfahren wird mit den Leitästen, wobei ein beschädigter Ast zur Gewichtsentlastung zurückgenommen werden muss* **(3)**. *Die Leitäste* **(4a, b, c)** *werden bewusst lang gelassen, um dem Mitteltrieb Konkurrenz zu machen; ein Zurücknehmen der Höhe ist erst in den nächsten Jahren angedacht, wenn sich weiter unten günstige Äste zum Ableiten anbieten. Aufgrund der Fruchtbildung an der Spitze ist ohnehin mit einem natürlichen Herunterkommen der Leitäste zu rechnen.*

Abb. 1.42: *Das Wegschneiden von Konkurrenztrieben auf einen schrägen Stummel führt im Optimalfall zu einem flachen Neutrieb im unteren Bereich des Stummels, der für einen Seitenast verwendet werden kann.*

Es wird eine Stammverlängerung mit flach weggehenden Fruchtästen angestrebt, das heißt, es werden keine Leitäste wie bei der Pyramidenkrone benötigt!

Die Jugendphase ist extrem kurz und sobald die Bäume in die Altersphase, in der die Erträge abnehmen, übergehen, wird die Anlage bereits gerodet.

Pflanzung und Pflanzschnitt

Wichtig ist ein passendes Pflanzmaterial (z. B. Knipbaum mit zahlreichen flach weggehenden Verzweigungen):

- Mitteltrieb (= Stammverlängerung) aussuchen; wird lang belassen oder etwas eingekürzt.
- Zu steile (Konkurrenz-)Triebe auf Astring oder auf einen schrägen Zapfen, woraus ein flacher Seitenast wachsen kann, entfernen (siehe Abb. 1.42).
- Es werden möglichst viele flach stehende Seitentriebe belassen, und zwar ohne Rückschnitt (außer wenn Triebe beschädigt sind); ein Einkürzen der verbleibenden Triebe um ca. ein Drittel bis die Hälfte erfolgt vor allem beim Stein- und Beerenobst, und zwar umso mehr, je ungünstiger die Pflanzbedingungen sind (z. B. später Pflanztermin im Frühjahr, oberirdisch stark entwickelte Bäume mit relativ wenig Feinwurzeln).

Bei der Erziehung von Spindeln ist zu beachten:

- Aststärkenverhältnis: Seitenäste sollen maximal 50 % vom Umfang des Mitteltriebes an derselben Stelle haben.
- Entfernen zu starker Triebe (Konkurrenztriebe) am Mitteltrieb und der „Reiter" auf den Seitenästen.
- Zu steil stehende Triebe flach stellen (formieren), aber nicht einkürzen, um einen schnelleren Fruchtansatz zu erzielen.

Abb. 1.43: *Apfelspindel („Topaz" auf M9, nach 12 Jahren) im Ertragsalter: Wuchs ist mittelstark mit guter Garnierung; zu dicht stehende und steile Äste werden entfernt, ebenfalls zu weit herab hängende Äste.*

- Wenn die Mittelachse zu hoch ist, wird auf einen niedriger stehenden Ast umgeleitet.
- Einkürzen vom Mitteltrieb nur bei sehr starkem Wachstum mit wenig Seitenästen, um die Verzweigung anzuregen; auch Kerben im Spätwinter ist eine Möglichkeit, um die gewünschten Knospen zum Austrieb anzuregen (siehe Abb. 1.27, Seite 27)!
- Bei Bäumen im Ertragsalter sollte zu stark hängendes Holz zur Verbesserung der Fruchtqualität entfernt werden.

Weitere Beispiele zur Spindelerziehung finden sich bei der Beschreibung der einzelnen Obstarten.

Kernobst

Apfel (*Malus domestica*)

Jahresablauf	J	F	M	A	M	J	J	A	S	O	N	D
Grundschnitt	X	X	X	(X)							(X)	(X)
Grünschnitt					(X)	(X)		X		X		
Veredeln		X	X	X			X	X				
Pflanzen		X	X	X						X	X	(X)
Ernten							X	X	X	X		
Besonderes	Schnitt in der Vegetationszeit nur bei trockenem Wetter wegen der Gefahr von Bakterieninfektionen (Feuerbrand)!											

Der natürliche Wuchs des Apfels ist durch eine breite und ausladend runde Kronenform charakterisiert. Die Silhouette erscheint apfelförmig.

Abb. 2.1: Breite Wuchsform bei einem längere Zeit nicht geschnittenen Apfelbuschbaum

Knospen und Triebe beim Apfel

Name	***Malus domestica***	
	seitlich	**endständig**
übliche Knospen-/Triebform: **Kurztrieb (KT)**		
vegetativ		X
generativ		**X**
übliche Knospen-/Triebform: **Langtrieb (LT)**		
vegetativ	**X**	**X**
generativ	(X)	(X)
Besonderes Quirlholz: mehrjähriges Fruchtholz Johannistrieb: schlecht verholzter Nachtrieb vom Sommer		

Die Blütenknospen sitzen beim Apfel meist endständig an einjährigen Kurztrieben, bei manchen Sorten auch zusätzlich seitlich an einjährigen Trieben. Allerdings fruchten Letztere selten. In den meisten Fällen bilden sich seitlich am (Lang-)Trieb Blätter, an welchen sich endständig wieder Blütenknospen für das darauffolgende Jahr bilden.

*Abb. 2.2a: Zweijähriger Trieb mit vegetativem LT **(1)** und KT **(2)** mit Blütenknospen an der Spitze im Winter (li.) und zur Blüte (re.)*

Abb. 2.2b: LT und KT zur Ernte (links) sowie Früchte am KT (rechts)

*Abb. 2.2c: KT (oben) mit Blütenknospe **(1)** an der Spitze und LT mit seitlichen Blattknospen **(2)** und Blütenknospe an der Spitze.*

Abb. 2.2d: Quirlholz

Abb. 2.2e: Johannistrieb

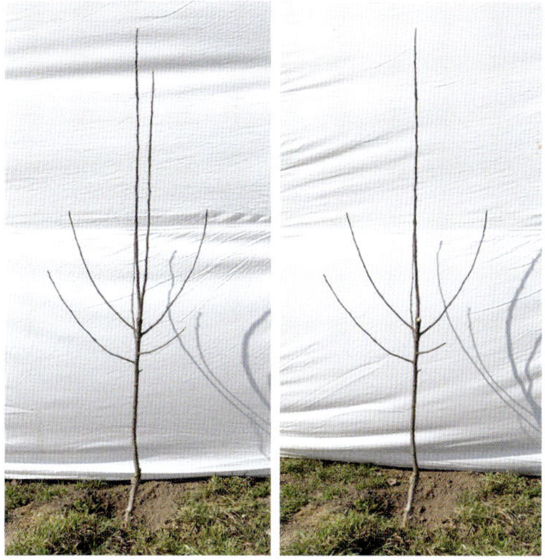

Abb. 2.3: Pflanzschnitt bei einer Apfelspindel: Ein Konkurrenztrieb wird weggeschnitten, die anderen Äste werden lang belassen.

Schnitt der Apfelspindel

Gepflanzt werden vorzugsweise Knipbäume, das sind zweijährige Bäume mit einer einjährigen Krone und vorzeitigen Verzweigungen. Die drei bis sieben Seitentriebe sollten einen flachen Abgangswickel sowie eine gleichmäßige Verteilung rund um den Stamm aufweisen.

Pflanz- und Erziehungsschnitt

Beim Pflanzschnitt werden zu steile Konkurrenztriebe und zu dicht stehende Triebe auf Astring oder auf schräge Zapfen entfernt (Abb. 1.42, Seite 44). Vier bis fünf Langtriebe mit flachem Abgangswinkel und einer gleichmäßigen Verteilung werden belassen und in der Regel nicht angeschnitten. Nur bei sehr langen Trieben ohne Verzweigungen werden sie um ca. ein Drittel auf eine nach außen weisende Knospe angeschnitten, um ein Verkahlen an der Basis zu vermeiden. Dasselbe gilt bei einer sehr langen Stammverlängerung; sie wird entweder oberhalb der Zone, wo Austriebe gewünscht werden, angeschnitten oder bei Langlassen in diesem Bereich gekerbt. In den folgenden Jahren wird möglichst wenig geschnitten, vorwiegend werden Konkurrenztriebe und zu dicht stehende Äste entfernt. Ziel ist es, möglichst rasch den Standraum zu füllen und die gewünschte Baumhöhe zu erzielen, um in den Vollertrag zu kommen.

Ertragsschnitt

Angestrebt wird ein ausgewogenes Gleichgewicht zwischen Wachsen und Fruchten des Baumes über einen langen Zeitraum. Ein zu stark wachsender Baum bildet wenig Kurztriebe bzw. Blüten und somit Früchte aus, die oftmals ungenügend ausgefärbt und begrenzt haltbar sind. Wächst der Baum zu schwach, so bildet er zu viele Früchte, die nicht ausreichend mit Assimilaten versorgt werden können. Fruchtgröße und Geschmack lassen zu wünschen übrig, die Gefahr von Alternanz steigt. Beste Fruchtqualitäten sind beim Apfel an den Fruchtspießen am zweijährigen Holz zu finden (siehe Abb. 2.2c), daher ist neben dem Ertrag auf ausreichenden Zuwachs zu achten.

Altes, abgetragenes und nach unten hängendes Holz wird auf jüngere, waagrecht oder leicht

Abb. 2.4: *Winterschnitt einer dreijährigen Apfelspindel („Opal" auf M9) (links vor, rechts nach dem Schnitt): Der Baum wächst mittelstark und ist gut garniert, der Standraum ist fast ausgefüllt. Vorgangsweise beim Schnitt: Zuerst wird an der Spitze auf einen Trieb vereinzelt. Im oberen Drittel sind einige sehr steile Gerüstäste, die ganz entfernt oder auf junges, basisnahes Holz zurückgesetzt werden. Nach unten hängende Äste werden auf flacher stehende abgeleitet und Triebe im Bauminneren ausgelichtet. Doppel- oder Mehrfachtriebe, welche sich an der Spitze des nun zweijährigen Holzes gebildet haben, werden auf den jeweils flacheren einjährigen Trieb abgeleitet.*

aufwärts stehende Triebe abgeleitet. Weit nach außen ragende Äste werden ebenso nach innen zurückgesetzt. Im Wipfelbereich werden steil aufstrebende und konkurrierende Äste entfernt, um ein Überbauen der Krone zu verhindern und eine ausreichende Belichtung unten und innen zu ermöglichen. Nach innen wachsende Triebe führen zu starker Beschattung und werden deshalb ebenso weggeschnitten. Starke Äste werden beim Spindelschnitt regelmäßig auf basisnahe Triebe abgeleitet oder am Stamm entfernt. Da beim Wegschneiden auf Astring die Gefahr besteht, dass sich an der Schnittstelle kein Neuaustrieb mehr bildet, was zu Kahlstellen führt, kann anstelle dessen auf einen Stummel (siehe Stummelschnitt, siehe Abb. 1.14, Seite 21) zurückgesetzt werden, welcher meist einen Neuaustrieb im Folgejahr gewährleistet. Generell müssen vor allem bei älteren Bäumen junge, von der Basis herauswachsende Triebe zum Zwecke der laufenden Verjüngung möglichst geschont werden. Falls starke Schnittmaßnahmen erforderlich sind, sollten sie auf mehrere Jahre verteilt werden, um den Baum ruhig im Wachstum zu halten.

Wipfelschnitt

Der Schnitt der oberen Bereiche einer Spindel bedarf besonderer Sorgfalt, da hier die Gefahr

Abb. 2.5: *Winterschnitt einer sechsjährigen Apfelspindel („Topaz" auf M9): Der Wuchs ist mittelstark, der obere Bereich etwas überbaut. Es wird ein gut verzweigter Trieb als Stammverlängerung belassen, Konkurrenztriebe werden entfernt, ebenso wie ein zu steiler Ast im oberen Drittel. Doppeltriebe (Zwiesel) werden vereinzelt. Über dem ersten Astkranz hat sich eine Kahlstelle entwickelt, hier muss besonders auf junges Holz geachtet werden. Durch Kerben mit der Säge in diesem Bereich können neue Austriebe angeregt werden, was umso größere Erfolgschancen hat, je jünger der Baum ist.*

einer übermäßigen Reaktion am größten ist. Für wüchsige Bäume gelten die Grundsätze der **Wuchsbremsung:** Ableiten statt anschneiden, Schnitt im Sommer oder im ausgehendem Winter, keine zu starken Eingriffe. An ruhigen Bäumen kann als sehr einfache Methode der **Klik-Schnitt** angewandt werden.

Diese einfach zu handhabende Schnittmaßnahme dient der Höhenbegrenzung eines Baumes, speziell unterm Hagelnetz. Durch Anschneiden der einjährigen Stammverlängerung um ca. ein Drittel auf eine Holzknospe entwickeln sich im Folgejahr zwei bis drei steile Triebe im oberen und einige flachere im darunterliegenden Bereich. Von den steil stehenden werden alle bis auf den untersten entfernt, dieser wird wieder auf zwei, drei Knospen angeschnitten. Die flachen Seitentriebe, die endständig eine Blütenknospe entwickelt haben, werden belassen. Im folgenden Jahr entwickeln sich aus den zwei bis drei belassenen Knospen am Langtrieb wieder steil aufstrebende Triebe, die wiederum alle bis auf einen entfernt werden, der auf zwei, drei Augen angeschnitten wird (siehe Abb. 2.6).

Bei einem sehr ruhigen Baum kann die Methode im Winter angewandt werden. Bei stärkerem Wachstum empfiehlt sich die Durchführung Ende Juni, da die Schnittmaßnahme ein starkes

Wachstum im Wipfelbereich zur Folge haben kann, das zu Überbauung und Qualitätseinbußen durch Beschattung führt. Bei sehr stark wachsenden Bäumen sollte die Technik daher nicht angewandt werden!

Schnittzeitpunkt

Der Apfel wird am besten in der Vegetationsruhe geschnitten (Dezember bis März). Eingriffe im zeitigen Winter (Dezember/Jänner) führen zu einer stärkeren Wuchsreaktion als ein Schnitt Ende März oder kurz vor der Blüte. Besonders stark reagiert der Baum auf Schnittmaßnahmen im Wipfelbereich, weshalb ein Rücksetzen der Baumhöhe nach Möglichkeit erst im Zeitraum ab der Blüte bis Ende Juni durchgeführt werden sollte. Zu starke und alte Astpartien können sofort nach der Ernte entfernt werden, wodurch das Risiko einer übermäßigen Wuchsreaktion vermindert wird.

Abb. 2.6: *Klik-Schnitt am Wipfel eines Apfelbaumes vor (li.) und nach (re.) dem Schnitt*

Unterlagen, Erziehungsformen und Pflanzabstände

Erziehungsform	Unterlagen	Wuchsstärke	Eigenschaften	Pflanzabstand	Pflanzmaterial	Besonderheiten
extensiv						
PK, HK	Apfelsämling	100 %	für Streuobstwiesen mit Unternutzung	8–10 x 8–10 m	Hochstamm	
PK, HK, He, (Sp)	M25, MM111	80 %	relativ früher und reicher Ertrag, standfest, v. a. für extensiven Anbau und Hecke	4 x 5 m	Halbstamm, Buschbaum	
intensiv						
He + Sp	M7	70 %	wenig standfest	2 x 4 m	einjährig verzweigt, 2-jährig angeschnitten oder Knipbaum	
Sp	M26	50 %	nicht standfest	1,3 x 3,5 m und weiter	einjährig verzweigt, 2-jährig angeschnitten oder Knipbaum	
Sp	M9	40 %	empfindlich gegen Wasser- und Nährstoffkonkurrenz, mausanfällig	1,3 x 3,5 m und weiter	einjährig verzweigt, 2-jährig angeschnitten oder Knipbaum	
Sp	M27	35 %	ähnlich M9, nur für sehr starkwüchsige Sorten	1 x 3,5 m und weiter	einjährig verzweigt, 2-jährig angeschnitten oder Knipbaum	

PK = Pyramidenkrone, HK = Hohlkrone, He = Hecke, Sp = Spindel

Abb. 2.7a: *12 Jahre alte Spindel („Pikkolo" auf M9) vor und nach dem Schnitt: Der Baum wächst stark und ist relativ breit und vor allem innen sehr dicht; zugleich hat er sehr viele Blütenknospen. Ziel ist es, ihn auszulichten und oben schmäler zu machen. Der Wipfel wird auf einen schwächeren Trieb abgeleitet, der die Stammverlängerung fortsetzt; alle steil stehenden Äste aus dem Inneren werden entfernt.*

Abb. 2.7b: *Derselbe Baum ein Jahr später vor und nach dem Schnitt: Aufgrund guten Ertrages ist er trotz der starken Schnitteingriffe nicht übermäßig gewachsen. Der schön garnierte obere Teil des Mitteltriebes wird ziemlich lang belassen, nur der Konkurrenztrieb und einige überflüssige Fruchttriebe werden entfernt. Dafür werden im unteren Teil einige starke Äste kräftig zurückgenommen oder ganz entfernt. Der Baum hat jetzt wieder eine schlanke Spindelform.*

Birne (*Pyrus communis*)

Jahresablauf	J	F	M	A	M	J	J	A	S	O	N	D
Grundschnitt	X	X	X	(X)								X
Grünschnitt					(X)	(X)		X				
Veredeln		X	X	X			X	X				
Pflanzen		X	X	X						X	X	(X)
Ernten							X	X	X	X		
Besonderes	Bei Schnitt in der Vegetationszeit: Auf Bakterieninfektionen achten (Feuerbrand)!											

Der natürliche Wuchs der Birne ist steil aufrecht. Die schmale und aufrechte Silhouette erinnert an eine Birnenfrucht.

Knospen und Triebe bei der Birne

Name	*Pyrus communis*	
	seitlich	**endständig**
übliche Knospen-/Triebform: **Kurztrieb (KT)**		
vegetativ	X	X
generativ		**X**
übliche Knospen-/Triebform: **Langtrieb (LT)**		
vegetativ	**X**	**X**
generativ	(X)	(X)
Natürlicher Wuchs schmal und hoch, Silhouette ist birnenförmig		
Besonderes Bei manchen Sorten Blütenknospen auch seitlich am Langtrieb im oberen Teil		

Die Knospenverteilung an Lang- und Kurztrieben ist ähnlich wie beim Apfel, das heißt, die besten Blütenknospen befinden sich endständig an einjährigen Kurztrieben an zwei- und mehrjährigem Holz; manche Birnensorten bilden, speziell in der Jugendphase, auch seitlich am Langtrieb Blütenknospen aus und setzen hier gelegentlich Früchte an. Auch bei der Birne entsteht Quirlholz an mehrjährigen Kurztrieben.

Schnitt der Spindel

Pflanz- und Erziehungsschnitt

Da Birnen oft erst an Kurztrieben am mehrjährigen Holz ausreichend fruchten, werden im Erwerbsanbau vor allem bei schwachwüchsigen (Quitten-)Unterlagen zwei- oder sogar mehrjährige Bäume als Pflanzmaterial empfohlen, um schneller in den Ertrag zu kommen. Beim Pflanzschnitt wird auf den untersten Konkurrenztrieb umgesetzt. Dies dient als Wuchsbremse, um der Dominanz der Mittelachse entgegenzuwirken. Die sich neu bildenden Seitentriebe werden ebenso wie jene bei der Pflanzung vorhandenen während der Vegetationszeit leicht schräg stehend formiert, und zwar umso flacher, je stärker die Sorte wächst.

Die Mitte wird auch in den nächsten Jahren wie beim Pflanzschnitt immer auf einen schwachen Konkurrenztrieb abgeleitet. Die an den waagrecht gebundenen Ästen sich entwickelnden steilen Triebe werden im Sommer wieder flach gestellt; durch Einkürzen Ende Juli auf drei bis vier Blätter können sich noch Blütenknospen fürs nächste Jahr bilden. Ein Teil der Langtriebe wird stehen gelassen, um für eine Fruchtholzrotation zu sorgen und einer zu starken Vergreisung entgegenzuwirken.

Auf kalkreichen Böden, wo Quittenunterlagen weniger geeignet sind, müssen stärkerwüchsige (Birnen-)Unterlagen verwendet werden. Hier erfolgen Erziehung und Schnitt ähnlich

Abb. 2.8: *Steil aufrechte Wuchsform bei seit Längerem nicht geschnittenen Birnenbäumen; links 12 Jahre alter Sämling, rechts 20 Jahre alte „Kirchensaller Mostbirne“*

Abb. 2.9a: *Triebe und Knospenformen bei Birne; LT und KT im Winter (links) und Knospe im Detail an LT (oben)*

Abb. 2.9b: Blütenknospen am KT im Spätwinter (li.) und in Blüte (re.)

Abb. 2.9c: Früchte am Kurztrieb

Abb. 2.9d: LT mit seitlichen Blütenknospen (oben); Quirlholz (unten)

wie beim Apfel, im Vergleich dazu werden aber aufgrund des steileren Wuchscharakters mehr Äste formiert. Vor allem am Anfang wird möglichst wenig geschnitten, um den Wuchs rasch zu beruhigen (siehe Abb. 2.10a, 2.12a).

Erhaltungsschnitt

Da bei der Birne keine Ausdünnungsmöglichkeiten zur Verfügung stehen, stellt ein kurzer Fruchtholzschnitt die wichtigste Maßnahme dafür dar. Je nach Sorte müssen etwa 30 bis 50 % der Fruchtknospen beseitigt werden. Dies geschieht zum einen durch Entfernen von abgetragenen, hängenden Ästen sowie zu schwachen Fruchttrieben als auch durch Einkürzen von längeren zwei- oder dreijährigen Fruchttrieben. Auch Quirlholz sollte stark ausgedünnt oder gänzlich entfernt werden, da es nur eine geringe Fruchtqualität liefert.

Manche Sorten (Abbé Fétel, Vereinsdechantsbirne) haben die Eigenschaft, trotz starker Blüte nur sehr wenige Früchte anzusetzen. Das rührt daher, dass innerhalb der Fruchttriebe eine starke Konkurrenz zwischen den Jung-

Abb. 2.10a: *„Williams“ auf Kirchensaller Sämling als Spindel gezogen nach dem 5. Standjahr vor und nach dem Schnitt: Der Baum ist stark im Wuchs und hat entsprechend viele Langtriebe gebildet; um ihn zu beruhigen, werden die steileren, wo es Sinn macht, formiert oder entfernt bzw. auf flacher stehende abgeleitet.*

Abb. 2.10b: *Derselbe Baum ein Jahr später vor und nach dem Schnitt: Der lang belassene Mitteltrieb und die an der Stammverlängerung und an den Seitenästen belassenen Langtriebe haben sich gut garniert und werden jetzt zur Verbesserung der Fruchtqualität etwas eingekürzt.*

Abb. 2.11: *15 Jahre alte Spindel vor und nach dem Schnitt: Der Baum ist innen ziemlich dicht und sehr kopflastig. Der Wipfel wird auf einen zweijährigen Trieb* **(1)** *abgeleitet, der die zukünftige Stammverlängerung bilden soll; ein starker Seitenast* **(2)** *wird vorerst belassen, um den Wuchs nicht noch mehr anzuregen; zu steil stehende Triebe im Bauminneren und im unteren Bereich werden entfernt; einjährige Triebe, die außen als Astverlängerung gebraucht werden können, bleiben stehen; im unteren Bereich wird heuer so wenig wie möglich geschnitten, nur ein beschädigter Ast* **(3)** *muss entfernt werden.*

Abb. 2.12a: *„Uta" auf Farold 69 als Spindel gezogen nach dem 5. Standjahr vor und nach dem Schnitt: Der Baum ist stark im Wuchs und hat entsprechend viele Langtriebe gebildet; um ihn zu beruhigen, wird die Stammverlängerung auf einen schwächeren Langtrieb abgeleitet; sehr steile Triebe werden entfernt oder, wo es Sinn macht, formiert bzw. auf flacher stehende umgeleitet.*

Abb. 2.12b: *Derselbe Baum ein Jahr später vor und nach dem Schnitt: Der Baum hat sich beruhigt und die im letzten Jahr lang belassenen Langtriebe haben sich gut garniert und werden jetzt zur Verbesserung der Fruchtqualität leicht eingekürzt.*

Abb. 2.12c: *Ein weiteres Jahr später, vor und nach dem Schnitt: Der Baum ist im letzten Jahr gering bis mittelstark gewachsen; neben der Entfernung unpassender Langtriebe im Inneren wird vor allem das Fruchtholz zur Verbesserung der Fruchtqualität eingekürzt.*

früchten und den Blättern besteht, was letztlich zum Abwurf der meisten Jungfrüchte führt. Um die Fruchtbarkeit zu erhöhen, ist es bei diesen Sorten zweckmäßig, die gut entwickelten zweijährigen Triebe um etwa 40 % auf ca. vier bis sechs Blütenknospen einzukürzen. Zugleich ist darauf zu achten, dass genügend einjährige Langtriebe belassen werden, um fürs nächste Jahr wieder geeignetes junges Fruchtholz zu erzielen (= Fruchtholzrotation).

Unterlagen, Erziehungsformen und Pflanzabstände

Erziehungsform	Unterlagen	Wuchsstärke	Eigenschaften	Pflanzabstand	Pflanzmaterial	Besonderheiten
extensiv						
PK	Birnensämling (z. B. Kirchensaller)	100 %	für Streuobstwiesen mit Unternutzung	10 x 10–12 m	Hochstamm	anfällig für Birnenverfall
PK, (HK)	OHF (z. B. Farold 69)	80 %	gut kalkverträglich	4 x 5 m	Halbstamm, Buschbaum	widerstandsfähig gegen Feuerbrand und Birnenverfall
intensiv						
Sp, He, (HK)	Sämling, OHF	80 %	in Kombination mit schwachwüchsigen Sorten	2 x 4 m	2-jährig angeschnitten oder 1-jährig verzweigt	
Sp, He	Quitte der Provence (BA 29)	75 %	kalkverträglich, Wurzelausläufer	2 x 4 m	2-jährig angeschnitten oder 1-jährig verzweigt	bei vielen Sorten Zwischenveredelung nötig
Sp	Quitte A	65 %	wenig kalkverträglich, nicht standfest, Wurzelausläufer	1,5 x 4 m	2-jährig angeschnitten oder Knipbaum	bei vielen Sorten Zwischenveredelung nötig
Sp	Quitte C	50%	wenig kalkverträglich, nicht standfest, Wurzelausläufer	1,5 x 4 m	2-jährig angeschnitten oder Knipbaum	bei vielen Sorten Zwischenveredelung nötig

PK = Pyramidenkrone, HK = Hohlkrone, He = Hecke, Sp = Spindel

Quitte und Mispel *(Cydonia oblonga, Mespilus germanica)*

Jahresablauf	J	F	M	A	M	J	J	A	S	O	N	D
Grundschnitt	X	X	(X)									
Grünschnitt												
Vermehrung												
Veredeln			X	X			X	X				
Pflanzen		X	X	X						X	X	
Ernten									X	X	O	O
Besonderes	Kein Schnitt in der Vegetationszeit; auf Bakterieninfektionen (Feuerbrand) achten!											

O = nur Mispel

Beide Arten weisen große Ähnlichkeiten bezüglich ihrer Wuchseigenschaften auf und können daher, was den Schnitt betrifft, gemeinsam betrachtet werden. Der natürliche Wuchs ist strauchartig und schwach, als Baum gezogen breit und buschförmig.

Knospen und Triebe bei Quitte und Mispel

Name	*Cydonia oblonga* *Mespilus germanica*	
	seitlich	**endständig**
übliche Knospen-/Triebform: **Kurztrieb (KT)**		
vegetativ		X
generativ		X
übliche Knospen-/Triebform: **Langtrieb (LT)**		
vegetativ	X	X
generativ		
Natürlicher Wuchs schwach, breit buschförmig		
Besonderes An den Kurztrieben entsteht zuerst ein Trieb mit einer Blüte an der Spitze.		

Abb. 2.13: Typischer Wuchs bei einem Quittenstrauch (oben) und einem Mispelbusch (unten), beide wurden wenig bis gar nicht geschnitten.

Abb. 2.14a: Triebformen bei der Quitte: KT im Winter (links) und beim Austrieb (rechts)

Abb. 2.14b: Die Blütenknospen befinden sich an den Kurztrieben. Daraus entwickelt sich zuerst ein junger Trieb mit Blättern, an dessen Spitze sich die Blüte und später die Frucht bildet. KT zur Blüte (links), KT mit Frucht (rechts)

Abb. 2.14c: LT im Winter und nach dem Austrieb. Die seitlich an LT befindlichen Knospen sind vegetativ.

Abb. 2.15: Die Früchte der Mispel entstehen wie die der Quitte an der Spitze von neu gewachsenen Kurztrieben.

Erziehung und Schnitt

Sträucher auf eigener Wurzel sind meist robuster gegen Krankheiten und abiotischen Stress als veredelte Bäume, da die Veredelungsstelle in jedem Fall eine Barriere zwischen Wurzel und Krone darstellt. Bei Krankheitsbefall an einzelnen Trieben (z. B. Feuerbrand) werden diese einfach zur Gänze am Boden entfernt, ohne dass der ganze Baum verloren geht. Der Strauch kommt dem natürlichen Wuchs am nächsten und wird locker und luftig erzogen, später wird gelegentlich ausgelichtet (siehe Abb. 2.16).

Im Erwerbsobstbau ist auch die baumförmige Erziehung als Spindel oder Halbstamm üblich; der Erziehungsschnitt sollte dabei keinesfalls streng sein. Wichtig ist auf jeden Fall eine lockere Kronenerziehung, weshalb Konkurrenztriebe und zu dicht stehende Triebe entfernt werden. Später wird im Wesentlichen durch Auslichten für Fruchtholzerneuerung gesorgt.

Die Schnittarbeiten werden am besten im Jänner und Februar bei niedrigen Temperaturen (0–5 °C) durchgeführt, um die Gefahr für Krankheitsübertragung (vor allem Feuerbrand!) durch Werkzeug zu minimieren.

Da Quitten und Mispeln aufgrund ihrer relativ späten Blütezeit sehr anfällig für Feuerbrandinfektionen sind, ist es besonders wichtig, sie während der Vegetationszeit (Mai bis August) regelmäßig auf Befall zu kontrollieren. Befallene Triebe müssen sofort weit ins gesunde Holz zurückgeschnitten oder gerissen werden. Ansonsten sind Schnittarbeiten während der Vegetationszeit jedoch tunlichst zu vermeiden.

Abb. 2.16: Quitte (ca. 15-jährig) auf eigener Wurzel als Strauch gezogen im Winter vor dem Schnitt (links); der seit Längerem nicht geschnittene Strauch ist innen dicht, Wuchs und Fruchtqualität bleiben schwach, Pilzkrankheiten (im Bild links sind Monilia-Fruchtmumien zu sehen) können sich gut entwickeln. Nach einem kräftigen Auslichtungsschnitt (ähnlich wie bei einem Ribiselbusch werden ganze Triebe an der Basis weggeschnitten bzw. zu lange Äste abgeleitet) kommt wieder genug Luft und Licht in den Strauch (rechts).

Abb. 2.17: Mispel (links) und Quitte (rechts) als Spindelbusch erzogen – am LFZ Klosterneuburg

Unterlagen, Erziehungsformen und Pflanzabstände bei Quitte und Mispel

Erziehungsform	Unterlagen	Wuchsstärke	Eigenschaften	Pflanzabstand	Pflanzmaterial	Besonderheiten
Strauch	Sorte auf eigene Wurzel	je nach Sorte	meist sehr robust	2 x 4 m	mehrjähriger Strauch	empfehlenswert!
Busch, Sp	Quitte der Provence (BA 29)	75 %	kalkverträglich, Wurzelausläufer	2 x 4 m	einjährig verzweigt, 2-jährig angeschnitten oder Knipbaum	
Busch, Sp	Quitte A	65 %	wenig kalkverträglich, nicht standfest, Wurzelausläufer	1,8 x 3,5–4 m	einjährig verzweigt, 2-jährig angeschnitten oder Knipbaum	
Busch, Sp	Weißdorn	65%	kalkverträglich, Wurzelausläufer	1,8 x 3,5–4 m	einjährig verzweigt, 2-jährig angeschnitten oder Knipbaum	
Sp	Quitte C	50 %	wenig kalkverträglich, nicht standfest, Wurzelausläufer	1,5 x 3,5 m	einjährig verzweigt, 2-jährig angeschnitten oder Knipbaum	

Sp = Spindel

Pfirsich

Pflaume und Zwetschke

Kirsche und Weichsel

Marille

Steinobst

Pfirsich *(Prunus persica)*

Jahresablauf	J	F	M	A	M	J	J	A	S	O	N	D
Grundschnitt			X	X				X	(X)			
Grünschnitt					(X)		X					
Veredeln			(X)	X				X				
Pflanzen			X	X								
Ernten							X	X	X			
Besonderes	Holz empfindlich bei sehr tiefen Wintertemperaturen (–25 °C) Größere Schnitteingriffe nach Ernte ideal (bis spätestens Mitte September wegen Wundverheilung) Fruchtholzschnitt (vor allem in Spätfrostlagen) am besten zur Blüte											

Abb. 3.1: *Längere Zeit nicht geschnittener Pfirsichbaum*

Natürlicher Wuchs

Der Pfirsich wächst anfangs stark und aufrecht, später neigen sich die Äste aufgrund der rasch einsetzenden Fruchtlast (auch Sämlinge kommen bald zum Fruchten) immer mehr nach unten.

Knospen und Triebe beim Pfirsich

Name	*Prunus persica*	
	seitlich	**endständig**
übliche Knospen-/Triebform: **Kurztrieb (KT)**		
vegetativ		**X**
generativ	**X**	X
„falsche Fruchttriebe“ mit fast ausschließlich Blütenknospen		
übliche Knospen-/Triebform: **Langtrieb (LT)**		
vegetativ	**X**	**X**
generativ	**X**	
Knospendrillinge an **„wahrem Fruchttrieb“**		
Besonderes		
vorzeitige Triebe bei (zu) starkem Wachstum		

Die besten Früchte entwickeln sich an mittelstarken, einjährigen Langtrieben (30 bis 50 Zentimeter), den „wahren“ Fruchttrieben, die meist über die ganze Länge immer drei nebeneinander stehende Knospen aufweisen. Diese Knospendrillinge bestehen aus zwei seitlich stehenden Blütenknospen und einer Blattknospe in der Mitte, aus der sich wieder ein Trieb bildet (siehe Abb. 3.2b, 3.2c).

Bei sehr stark wachsenden einjährigen Langtrieben (>80 Zentimeter), die aufgrund zu starken Rückschnittes oder Belassens sehr steiler Triebe entstehen, treiben die Blattknospen schon im Sommer aus und es entstehen vorzeitige Triebe. Diese „Reitertriebe“ neigen zu geringerer Fruchtbarkeit und sehr starkem Wachstum und sind daher außer bei der Erziehung von Jungbäumen in der Baumschule nicht erwünscht.

Schwächere, einjährige Triebe (<15 Zentimeter), auch „falsche“ Fruchttriebe genannt, haben gewöhnlich seitlich nur Blütenknospen und

Abb. 3.2a: *Zweijähriger Pfirsichtrieb mit wahren und falschen Fruchttrieben*

Abb. 3.2b: *Wahrer Fruchttrieb und Knospendrilling am Langtrieb in Winterruhe*

nur an der Spitze Blattknospen, sind also sehr fruchtbar, die Früchte bleiben aber aufgrund des ungünstigen Blatt-Fruchtverhältnisses meist klein (siehe Abb. 3.2).

Abb. 3.2c: *Wahrer Fruchttrieb (LT) zur Blüte und mit jungen Früchten*

Abb. 3.3: *Einjähriger Langtrieb mit vorzeitigen Trieben*

Abb. 3.2d: *Falscher Fruchttrieb (KT) im Winter und zur Blüte (KT)*

Abb. 3.4: *Pflanzschnitt bei der Pfirsichspindel (vorher – nachher)*

Schnitt der Spindel

Die Spindel ist im Erwerbsobstbau auch beim Pfirsich mittlerweile die übliche Erziehungsform.

Pflanzschnitt

Die nicht zu kräftigen einjährigen Veredelungen, idealerweise mit Verzweigungen aus vorzeitigen Trieben (Heister) werden bevorzugt im Frühling gepflanzt und zuvor einen Tag ins Wasser gestellt.

Unmittelbar danach wird die Mittelachse abhängig von der Stärke des Baumes auf ca. 1,20 bis 1,50 Meter eingekürzt, Konkurrenztriebe werden entfernt und vorhandene Äste auf Zapfen zurückgeschnitten, um kräftige Austriebe zu erzeugen (vergleiche Abb. 3.4).

Erziehungsschnitt

In den nächsten Jahren wird die Mittelachse jedes Jahr auf einen von der Richtung her passenden, steilen Langtrieb umgesetzt, im unteren Bereich wird eine starke Basis aufgebaut. Dazu werden Langtriebe und wahre Fruchttriebe, die in die gewünschte Richtung wachsen, belassen und zur Kräftigung auch eingekürzt. Für den Baumaufbau nicht benötigte Triebe, vor allem Reitertriebe, sollen schon im Frühsommer gerissen oder spätestens zur Ernte entfernt werden.

Erhaltungsschnitt

Der Schnitt erfolgt idealerweise in zwei Phasen. Zuerst wird unmittelbar nach der Ernte bis spätestens Mitte September grob ausgelichtet. Dabei wird zunächst die Baumhöhe durch Ableiten auf einen nicht zu starken Fruchttrieb, der in Windrichtung steht, limitiert und Konkurrenztriebe werden entfernt. Im oberen Bereich werden alle zwei- und mehrjährigen Äste,

Abb. 3.5 a + b: *Pfirsichspindel Nachernteschnitt („Maria Christina" auf Cadaman im 6. und ...*

... 7. Jahr) jeweils vor und nach dem Schnitt

Abb. 3.6: *Am selben Baum wird nach dem 7. Jahr im darauffolgenden Frühjahr ein Fruchtholzschnitt durchgeführt.*

die direkt von der Mittelachse weggehen, auf Astring entfernt, um ein Überbauen der Krone zu verhindern. Im unteren Teil werden abgetragene, schlecht versorgte und zu steil stehende Äste herausgenommen (siehe Abb. 3.5 a + b).

In einer 2. Phase wird – speziell in unserem Klimagebiet – im ausgehenden Winter, wenn die strengsten Fröste vorbei sind, ein Fruchtholzschnitt durchgeführt, der in Spätfrostlagen auch erst um die Blüte erfolgen kann (siehe Abb. 3.6). Dabei werden die vorhandenen wahren Fruchttriebe reduziert, bei Sorten mit gutem Blütenansatz auch mehr oder weniger stark eingekürzt. Bei ausreichend vorhandenen Blütenknospen werden alle falschen Fruchttriebe gänzlich entfernt oder auf Zapfen geschnitten, wenn sie zum Aufbau von neuen Ästen benötigt werden. Wurde im Sommer aus Zeitgründen nicht geschnitten, können zu diesem Zeitpunkt auch beide Phasen in einem durchgeführt werden.

Schnitt der Hohlkrone

Die Hohlkrone war früher die Haupterziehungsform und ist in manchen Gebieten, vor allem in der Steiermark, auch heute noch verbreitet.

Pflanzschnitt

Beim Pflanzen wird gleich verfahren wie oben beschrieben, allerdings werden verzweigte Bäume bevorzugt. Ein eventuell vorhandener Mitteltrieb wird entfernt, drei bis vier möglichst gleich starke und in alle Richtungen gut verteilte Äste werden als zukünftige Leitäste belassen und jeweils um ca. zwei Drittel auf Saftwaage und nach außen gehende Augen eingekürzt. Steht als Pflanzmaterial eine nicht verzweigte Rute zur Verfügung, so wird sie auf die gewünschte Höhe (z. B. 70 cm) angeschnitten, damit sich im nächsten Jahr kräftige Seitenäste bilden (siehe Abb. 3.7a).

Erziehungsschnitt

Durch wiederholtes Ableiten auf Äste, die in die gewünschte Richtung wachsen, und Anschneiden der wahren Fruchttriebe wird ein starkes Leitastgerüst erzeugt, Fruchtäste werden seitlich untergeordnet. Wichtig ist, darauf zu achten, dass zu steile Äste (Reitertriebe) möglichst frühzeitig (z. B. durch Riss im Frühsommer) entfernt werden.

Abb. 3.7a: *Schema zur Erziehung der Hohlkrone*

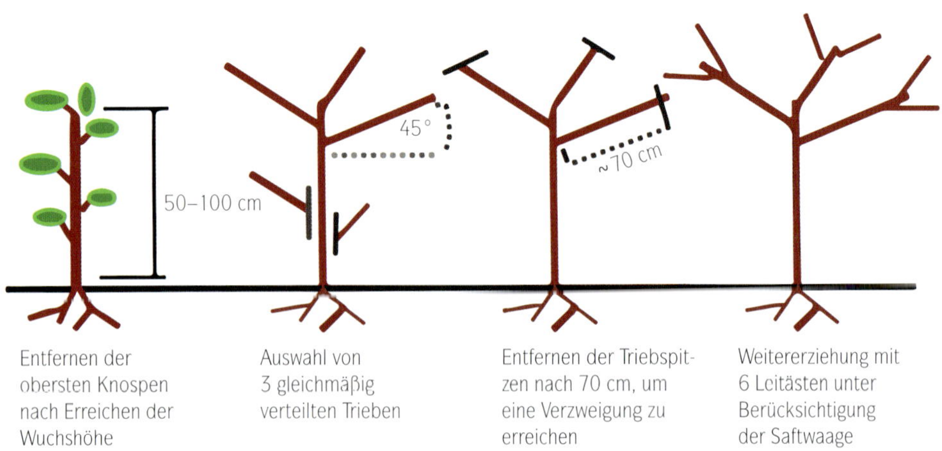

Erhaltungsschnitt

Auch hier können nach der Ernte im Sommer bereits abgetragene, verletzte und zu steil stehende Äste im Bauminneren entfernt werden. Bei dem im Spätwinter durchgeführten Fruchtholzschnitt wird ein Wechselschnitt, ähnlich wie beim Wein, praktiziert, das heißt, bei den ausgesuchten verbleibenden Fruchttrieben wird immer ein wahrer Fruchttrieb als Frucht tragender Ast lang belassen oder je nach Blütenanzahl auch etwas eingekürzt, während ein zweiter dahinterliegender auf zwei Augen geschnitten wird, um für eine kräftige Fruchtholzbildung zu sorgen.

Abb. 3.7b: *Pfirsich Hohlkrone (Foto: Duhan, Institutsarchiv)*

Abb. 3.8: *Wechselschnitt bei der Hohlkronenerziehung: Je ein wahrer Fruchttrieb wird lang bzw. kurz belassen, nicht benötigte wahre und alle falschen Fruchttriebe werden entfernt.*

Unterlagen, Erziehungsformen und Pflanzabstände

Erziehungsform	Unterlagen	Wuchsstärke	Eigenschaften	Pflanzabstand	Pflanzmaterial
HK + Sp	Pfirsichmandelbastard GF 677	120 %	kalkverträglich	Sp: 1,8 x 4 und weiter HK: 3 x 5 und weiter	einjähriger Heister mit vorzeitigen Trieben
HK + Sp	Pfirsichmandelbastard Cadaman	110 %	kalkverträglich	Sp: 1,8 x 4 und weiter HK: 3 x 5 und weiter	
HK + Sp	Pfirsichsämling GF 305	100 %	Chlorose bei hohem Bodenkalk	Sp: 1,8 x 4 und weiter HK: 3 x 5 und weiter	
HK + Sp	Pfirsichsämling Montclar	100 %	kalkverträglich	Sp: 1,8 x 4 und weiter HK: 3 x 5 und weiter	
Spindel	St. Julien A	80 %	für feuchte Böden, Wurzelaustriebe!	Sp: 1,5 x 4 und weiter	
Spindel	Mandelsämling	70 %	für trockene Böden, kalkverträglich	Sp: 1,2 x 4 und weiter	

HK = Hohlkrone, Sp = Spindel

Pflaume und Zwetschke (*Prunus domestica*)

Jahresablauf	J	F	M	A	M	J	J	A	S	O	N	D
Grundschnitt		(X)	X	X				X	(X)			
Grünschnitt					(X)							
Veredeln			X	X			X	X				
Pflanzen		(X)	X	X						X	X	(X)
Ernten							X	X	X			
Besonderes	Wunden weniger empfindlich im Vergleich zu Marille und Kirsche											

Natürlicher Wuchs

Der natürliche Wuchs ist anfangs stark und aufrecht, später kippen die Äste durch die einsetzende Fruchtlast.

knospen, bei manchen Sorten auch Blütenknospen als Knospendrillinge und -zwillinge vorhanden.

Knospen und Triebe bei Pflaume und Zwetschke

Name	*Prunus domestica**	
	seitlich	**endständig**
übliche Knospen-/Triebform: **Kurztrieb (KT)**		
vegetativ		X
generativ	X	X
übliche Knospen-/Triebform: **Langtrieb (LT)**		
vegetativ	X	X
generativ	(X)	(X)
Übliche Knospenform sehr unterschiedlich		
Besonderes (X) bei manchen Sorten Knospenzwillinge und -drillinge am Langtrieb ähnlich wahre Fruchttriebe beim Pfirsich		
* dazu gehören: Zwetschken, Pflaumen, Ringlotten, Kriecherl ...		

Die Blütenknospen sitzen meist einzeln oder in kleinen Gruppen an kurzen, einjährigen Trieben am zwei- und dreijährigen Holz, an einjährigen Langtrieben sind seitlich entweder nur Blatt-

Abb. 3.9: *Zwetschke mit natürlichem Wuchs*

Abb. 3.10a: *Zweijähriger Trieb bei der Zwetschke LT + KT (li.), Detail mit Knospendrilling am LT (re.)*

Abb. 3.10b: *KT im Winter und in Blüte*

Abb. 3.10c: *Früchte an KT (li.) und LT (re.)*

Übliches Erziehungssystem ist die Spindel

Als Pflanzmaterial werden einjährige Bäume mit vorzeitigen Trieben verwendet. Der Mitteltrieb und die Seitenäste werden ca. um ein Drittel eingekürzt. Seitenäste, die stärker als die Hälfte der Stammstärke vor der Verzweigung sind, werden auf Astring entfernt (= Zahn'sche Regel).

Wenn zu wenig oder gar keine Seitenäste da sind, wird der Mitteltrieb auf etwa 90 Zentimeter angeschnitten. Konkurrenztriebe werden am besten gleich im Sommer weggebrochen; Basisäste, die länger als 50 Zentimeter sind, flach gestellt.

In weiterer Folge werden zu steil stehende Triebe laufend entfernt und die Mittelachse bei Erreichen der Endhöhe (ca. drei Meter) auf einen waagrechten mehrjährigen Ast abgeleitet.

Der beste Schnittzeitpunkt ist im Spätwinter bis kurz vor der Blüte oder im Sommer gleich nach der Ernte.

Abb. 3.11: *Ertrags- bzw. Erhaltungsschnitt einer Zwetschkenspindel im Spätwinter („Tophit" auf Fereley, 11 Jahre alt) über zwei Jahre*

Unterlagen, Erziehungsformen und Pflanzabstände

Erziehungs-form	Unter-lagen	Wuchs-stärke	Eigenschaften	Pflanzabstand	Pflanzmaterial
PK, HK, He, Sp	Myrobalane, GF 8/1	100 %	für extreme Böden, im Intensivanbau bei schwachwüchs. Sorten	PK, HK: 4 x 6 und enger	einjährige Ruten unverzweigt oder zweijährige Kronenbäume
He + Sp	Fereley	80 %	für schwere Böden, an Staunässe angepasst	Sp:1,5–2 x 4 He:4 x 4	einjährig verzweigt für Sp, Mitteltrieb und Seitenäste ca. ⅓ einkürzen
He + Sp	St. Julien (A, 655-2)	70 %	für trockene Böden, gut standfest, Wurzeltriebe	Sp:1,5–2 x 4 und enger	einjährig verzweigt für Sp, Mitteltrieb und Seitenäste ca. ⅓ einkürzen
Sp	Wangenheims (WaxWa, Wavit)	60 %	für feuchte Böden, Wurzeltriebe	Sp:1,5–2 x 4 und enger	einjährig verzweigt für Sp, Mitteltrieb und Seitenäste ca. ⅓ einkürzen

PK = Pyramidenkrone, HK = Hohlkrone, He = Hecke, Sp = Spindel

Kirsche und Weichsel (*Prunus avium* und *Prunus cerasus*)

Jahresablauf	J	F	M	A	M	J	J	A	S	O	N	D
Grundschnitt		(O)	O(X)	X			X	X				
Grünschnitt					X							
Kerben			X	X								
Formieren			(X)	X	X		X	X				
Veredeln		(X)	X	X			X	(X)				
Pflanzen			X	X						X	X	(X)
Ernten					X	X	O					
Besonderes	Gummifluss, wenn falscher Schnittzeitpunkt Sauerkirsche ist etwas weniger empfindlich auf Schnittwunden O = nur Sauerkirsche											

Natürlicher Wuchs

Der natürliche Wuchs bei der **Süßkirsche** ist stark und je nach Sorte mehr oder weniger steil bis breit aufrecht. Aufgrund der Neigung zur Bildung starker Konkurrenztriebe entwickeln sich ohne Schnitt oftmals mehrere Mitteltriebe. Werden die Konkurrenztriebe beim Erziehungsschnitt regelmäßig entfernt, bilden Halb- oder Hochstämme gewöhnlich von selbst eine sehr schöne Pyramidenkrone. Die **Sauerkirsche** wächst anfangs ähnlich wie die Süßkirsche, aber etwas weniger stark, später immer mehr hängend. Nur wenige Sorten haben einen aufrechten Wuchscharakter. Die **Süßkirsche** hat die Blütenknospen vor allem an der Spitze von schwachen Kurztrieben am zwei- und mehrjährigen Holz, manchmal auch seitlich an nicht zu starken Langtrieben. Oft sitzen mehrere Blüten auf sogenannten Bukettknospen zusammen, immer in Verbindung mit zumindest einer Blattknospe (vergleiche Abb. 3.13b).

Knospen und Triebe bei der Süßkirsche

Name	***Prunus avium***	
	seitlich	**endständig**
übliche Knospen-/Triebform: **Kurztrieb (KT)**		
vegetativ		X
generativ	X	**X**
übliche Knospen-/Triebform: **Langtrieb (LT)**		
vegetativ	**X**	X
generativ	(X)	
Besonderes Blüten häufig als Bukettknospen		

Bei der Sauerkirsche (Weichsel) sind die Blüten seitlich an den einjährigen Langtrieben zu finden. Ganz vorne ist immer eine Blattknospe, meist treiben auch weiter hinten welche aus. Ohne Schnitt neigen die Äste aber immer mehr zum Verkahlen, weshalb auf eine gute Verjüngung zu achten ist. Deshalb werden Weichseln wesentlich stärker geschnitten als Süßkirschen.

Knospen und Triebe bei der Weichsel

Name	***Prunus cerasus***	
	seitlich	**endständig**
übliche Knospen-/Triebform: **Kurztrieb (KT)**		
vegetativ		X
generativ	X	**X**
übliche Knospen-/Triebform: **Langtrieb (LT)**		
vegetativ	(X)	**X**
generativ	**X**	

Abb. 3.12: *Seit Längerem nicht geschnittene Süßkirschensämlinge mit stark aufrechtem Wuchs (oben) und mehreren Mitteltrieben (unten)*

Schnitt der Spindel

Die Spindel ist die im Erwerbsobstbau übliche Erziehungsform.

Pflanz- und Erziehungsschnitt

Als Pflanzmaterial werden einjährige Bäume mit vorzeitigen Trieben verwendet. Der Mitteltrieb und die Seitenäste werden ca. um ein Drittel eingekürzt. Seitenäste, die stärker als die Hälfte der Stammstärke vor der Verzweigung sind, werden auf Astring entfernt (= Zahn'sche Regel).

Zu stark wachsende Konkurrenz- und Seitentriebe werden am besten im unverholzten Zustand weggerissen. Weitere stark wachsende Langtriebe werden im Mai oder Juni entspitzt

Abb. 3.13a: *Süßkirsche: zweijähriger Ast im Winter und beim Aufblühen*

Abb. 3.13b: *Details am KT mit Bukettknospen (li.) kurz vor der Blüte und mit Früchten zur Ernte (re.)*

Abb. 3.13c: *Detail einer Blattknospe seitlich am LT (oben) und Übergang vom zweijährigen zum einjährigen Holz mit Blütenknospen (Bukettknospen) am KT (unten)*

Abb. 3.14: *Älterer Trieb bei der Weichselsorte „Schattenmorelle“ mit Verkahlungstendenz vor und nach dem Schnitt*

Abb. 3.15: *Verjüngung von Fruchtholz durch Rückschnitt auf einen basisnahen Langtrieb bei der Sauerkirsche, Sorte „Ostheimer Weichsel“ (Mitte März); derselbe Ast zur Blüte (Mitte April)*

Abb. 3.16: *Reaktion auf Rückschnitt eines Konkurrenztriebes auf einen längeren Zapfen bei einer Sauerkirsche ein Jahr nach dem Schnitt*

Abb. 3.17: *Pflanzschnitt bei einer Sauerkirschenspindel (Sorte „Ostheimer Weichsel“, vorher – nachher)*

Abb. 3.18a: *Erziehungsschnitt einer Weichselspindel (Sorte „Saskia“ auf Gisela 6) über drei Jahre jeweils vor und nach dem Schnitt: Im 2. Jahr werden im Sommer vor allem Konkurrenztriebe entfernt.*

Abb. 3.18b: *Im Spätwinter nach dem 3. Jahr werden aufgrund trockenheitsbedingten, sehr schwachen Wuchses im vorigen Jahr Mittel- und Seitentriebe stärker abgeleitet.*

Abb. 3.18c: Im Winter nach dem 4. Jahr werden zu breite und starke Seitenäste vor allem im oberen und mittleren Drittel stark abgeleitet, um eine gute Garnierung im unteren und inneren Bereich des Baumes zu erzielen.

Abb. 3.19: Süßkirsche (im 6. Jahr auf Gisela 5) als Spindel(-busch) erzogen wird nach der Ernte ausgelichtet; Konkurrenztriebe werden entfernt bzw. zu starke Äste abgeleitet.

Abb. 3.20: *Süßkirsche als Halbstamm mit Pyramidenkrone gezogen (Sorte „Primavera" auf F 12/1 oben nach dem 9. Jahr und unten nach dem 10. Jahr, vor und nach dem Schnitt im Spätwinter); da der Baum aufgrund längerer Schnittpause sehr dicht ist und viele fast gleichwertige Äste hat, werden im ersten Jahr einige davon ganz herausgenommen*

Im 2. Jahr werden sie abgeleitet, der Baum bekommt langsam wieder eine Form mit dominanter Mitte.

(= pinziert), dadurch setzen sie auf der gesamten Länge Blütenknospen an. Seitenäste werden lang und schlank, ohne starke Vergabelungen gezogen. Generell erfolgt ein aststärkenbezogener Schnitt, das heißt, im Vergleich zur Stammverlängerung zu starke Fruchtäste werden stärker zurückgeschnitten.

Erhaltungsschnitt

Geschnitten wird am besten im Sommer nach der Ernte bis spätestens Mitte August oder im Spätwinter. Dabei wird die Baumhöhe durch Ableiten korrigiert, ebenso werden zu steil stehende und zu stark hängende Äste entfernt. Bei ertragreichen Sorten wird zusätzlich am besten um die Blüte herum ein Fruchtholzschnitt durchgeführt.

Zur Vermeidung von Schnittwunden am Stamm werden beim Entfernen von größeren Ästen oft längere Zapfen belassen, die in den Folgejahren weiter zurückgenommen werden können (siehe Abb. 3.16).

Unterlagen, Erziehungsformen und Pflanzabstände

Erziehungsform	Unterlagen	Wuchsstärke	Eigenschaften	Pflanzabstand	Pflanzmaterial	Besonderheiten
Pyramidenkrone	Sämling (Limburger, Dönissens)	110 %	sehr starkwüchsig, robust, wenig Gummifluss	10 x 10 m	Hochstamm, Halbstamm für extensiven Anbau	
Pyramidenkrone	Klon F 12/1	100 %	Gummiflussneigung	10 x 10 m	Hochstamm, Halbstamm für extensiven Anbau	
Spindel	Prunus mahaleb (SL 64)	85 %	trockenheits- und chlorosetolerant, späte Fruchtbarkeit	4 x 5	Halbstamm, Buschbaum	
Spindel	Weiroot 158	75 %	gute Durchwurzelung auch auf flachgründigen Standorten, Fruchtgröße hoch	2 x 4 m	einjährig verzweigt, 2-jährig angeschnitten oder Knipbaum	
Spindel	Maxma 14	65 %	vor allem für trockene Standorte, ertragreich	2 x 4 m	einjährig verzweigt, 2-jährig angeschnitten oder Knipbaum	
Spindel	Gisela 6, Pi-Ku 1	60 %	auf schwachwüchsigen Standorten höhere Fruchtgröße als Gisela 5	2 x 4 m	einjährig verzweigt, 2-jährig angeschnitten oder Knipbaum	
Spindel	Gisela 5	50 %	für gute Böden oder Bewässerung	2 x 4 m	einjährig verzweigt, 2-jährig angeschnitten oder Knipbaum	

Generell ist der Wuchs bei der Sauerkirsche etwas schwächer.

Marille *(Prunus armeniaca)*

Jahresablauf	J	F	M	A	M	J	J	A	S	O	N	D
Grundschnitt			(X)	X			(X)	X				
Grünschnitt					(X)							
Veredeln			(X)	X			X	X				
Pflanzen			X	X						X	X	
Ernten						(X)	X	X				
Besonderes	Größere Schnitteingriffe nach Ernte ideal (bis spätestens Ende August wegen Wundverheilung)											

Natürlicher Wuchs

Der natürliche Wuchs ist anfangs stark und aufrecht, später kippen die Äste durch die einsetzende Fruchtlast.

Knospen und Triebe bei der Marille

Name	*Prunus armeniaca*	
	seitlich	**endständig**
übliche Knospen-/Triebform: **Kurztrieb (KT)**		
vegetativ		**X**
generativ	**X**	X
übliche Knospen-/Triebform: **Langtrieb (LT)**		
vegetativ	**X**	X
generativ	**X**	X
Besonderes Knospenzwillinge und -drillinge ähnlich wie beim Pfirsich an wahren Fruchttrieben		

Abb. 3.21: Hoher Fruchtansatz am zweijährigen Holz einer Marillenspindel

Die Langtriebe sind ähnlich wie die „wahren Fruchttriebe" beim Pfirsich seitlich mit Knospendrillingen und Knospenzwillingen besetzt, das heißt, ein bis zwei Blütenknospen stehen neben einer Blattknospe, aus der sich wieder ein Trieb bildet. Die besten Blütenknospen sitzen seitlich am zweijährigen Holz auf kurzen, einjährigen Trieben; bei zu starkem Fruchtansatz muss hier ausgedünnt werden.

Extensive Erziehungssysteme

Die **Pyramidenkrone** ist in manchen Gebieten wie in der Wachau noch immer die dominierende Erziehungsform. Aufgrund der höheren Baumhöhe sind die Blüten gegenüber Spätfrost besser geschützt.

Nach einem Pflanzschnitt, bei dem die Stammverlängerung und die vier Leitäste etwa um die Hälfte bis zwei Drittel eingekürzt werden, wird in den nächsten Jahren durch wiederholtes Ableiten auf Äste in die gewünschte Richtung und Anschneiden eine lockere Pyramidenkrone mit einem starken Astgerüst aufgebaut, Fruchtäste werden seitlich untergeordnet. Konkurrenztriebe am besten durch Riss im Sommer

Abb. 3.22a: *Zweijähriger Marillentrieb mit LT (oben) und KT (unten)*

Abb. 3.22b: *Früchte am LT (oben) und KT (unten)*

Abb. 3.22c: *Detail am KT im Winter und zu Blühbeginn*

Abb. 3.22d: *Langtrieb mit Knospendrillingen und -zwillingen im Winter und zu Blühbeginn*

Abb. 3.23: Marille als Hohlkrone erzogen: „Goldrich" (links) und „Ungarische Beste" (rechts) – beide auf Marillensämling

entfernt. Später im Ertragsstadium wird am besten im Sommer nach der Ernte etwas ausgelichtet. Weiters ist die **flexible Hohlkrone** in Verwendung; als Pflanzmaterial eignen sich am besten unverzweigte Ruten, die auf 60 bis 80 Zentimeter angeschnitten werden. Vier bis sechs starke Austriebe werden als künftige Leitäste gänzlich und ohne weiteren Anschnitt gezogen. Konkurrenztriebe und zu starke Verzweigungen werden am besten gleich im Mai oder Juni weggerissen oder pinziert. Die lang und schmal gezogenen Leitäste bleiben so flexibel und biegen sich durch den bald einsetzenden Fruchtertrag herunter. In weiterer Folge werden zu tief hängende Leitäste auf einen am Bogen entstehenden, in Astrichtung wachsenden Jungtrieb umgeleitet und zu dicht stehendes, zu stark nach innen wachsendes oder abgetragenes Fruchtholz wird ausgelichtet.

Intensive Erziehungsformen

Bei den intensiven Erziehungssystemen hat sich in den letzten Jahren die **Spindel** bzw. bei etwas stärkeren Unterlagen der **Spindelbusch** durchgesetzt.

Pflanz- und Erziehungsschnitt

Als Pflanzmaterial werden einjährige Bäume mit vorzeitigen Trieben verwendet. Der Mitteltrieb und die Seitenäste werden ca. um ein Drittel eingekürzt. Seitenäste, die stärker als die Hälfte der Stammstärke vor der Verzweigung sind, werden auf Astring entfernt (= Zahn'sche Regel).

Zu stark wachsende Konkurrenz- und Seitentriebe sowie Reitertriebe werden am besten im unverholzten Zustand weggerissen. Weitere stark wachsende Langtriebe werden im Mai oder Juni entspitzt (= pinziert), dadurch setzen sie auf der gesamten Länge Blütenknospen an. Seitenäste werden lang und schlank, ohne starke Vergabelungen, gezogen. Generell erfolgt ein aststärkenbezogener Schnitt, das heißt, im Vergleich zur Stammverlängerung müssen zu starke Fruchtäste stärker gekürzt werden.

Abb. 3.24: *Schnitt einer Marille, als Spindel(-busch) erzogen (Sorte „Gelbe Wachauer" auf Wangenheims; oben im Sommer im 8. Jahr und unten im Spätwinter kurz vor der Blüte nach dem 9. Jahr)*

Erhaltungsschnitt

Ähnlich wie beim Pfirsich erfolgt ein Auslichtungsschnitt am besten im Sommer nach der Ernte bis spätestens Mitte August. Dabei wird die Baumhöhe durch Ableiten korrigiert, ebenso werden zu steil stehende und zu stark hängende Äste entfernt.

Der Fruchtholzschnitt erfolgt idealerweise in Verbindung mit einer händischen Ausdünnung nach der Blüte, wenn keine Fröste mehr zu befürchten sind. Dabei wird gleich der Fruchtansatz reguliert.

Unterlagen, Erziehungsformen und Pflanzabstände

Erziehungsform	Unterlagen	Wuchsstärke	Eigenschaften	Pflanzabstand	Pflanzmaterial	Besonderheiten
extensiv						
PK, flexible Hohlkrone	Marillensämling, Myrobalane	100 %	für leichte Böden, starkwüchsig	4 x 6 m und weiter	einjährige Ruten unverzweigt oder Kronenbäume	
intensiv						
He + Sp	St. Julien A	75 %	Wurzeltriebe	Sp: 2 x 4 m He: 4 x 4 m	Sp: einjährig verzweigt, Seitenäste ca. ⅓ einkürzen	
He + Sp	Reneklodenhybrid (Torinel)	75 %	Wurzeltriebe	Sp: 2 x 4 m He: 4 x 4 m	Sp: einjährig verzweigt, Seitenäste ca. ⅓ einkürzen	
Sp	Wangenheims (WaxWa, Wavit)	60 %	für feuchte Böden, Wurzeltriebe!	1,5 x 4 m	einjährig verzweigt, Seitenäste ca. ⅓ einkürzen	erfordert Bewässerung und gute Pflege

PK = Pyramidenkrone, He = Hecke, Sp = Spindel

Beerenobst

Ribes

Himbeere

Brombeere

Heidelbeere

Ribes *(Johannis-, Stachel-, Jostabeere)*

Jahresablauf	J	F	M	A	M	J	J	A	S	O	N	D
Pflanzung		X	X	(X)						X	X	
Schnitt		X	X		O		(X)	X	(X)			
Ernte						X	X	X				
Vermehrung*			X	X				X	X			
Besonderes	O Reißen, Ausgeizen, Hochbinden bei Hecke und Spindel * Vermehrung mittels Holzstecklingen											

Abb. 4.1: Fruchttrieb bei Roter Johannisbeere zur Blüte

Knospen und Triebe bei Ribes

Name	***Ribes sp.***	
Rote und Weiße Johannisbeere (*R. rubrum, R. petraeum, R. sativum, R. multiflorum*) Schwarze Johannisbeere (*R. nigrum*) Stachelbeere (*R. uva-crispa*) Jostabeere (*Ribes x nidrigolaria*)		
	seitlich	**endständig**
übliche Knospenform: **Kurztrieb (KT)**		
vegetativ	X (O)	X (O)
generativ	X (O)	X (O)
übliche Knospenform: **Langtrieb (LT)**		
vegetativ	X (O)	X (O)
generativ	**O**	(O)
Natürlicher Wuchs strauchförmig, mehr oder weniger breit bis hoch		
X Rote und Weiße J., Stachelbeere: schwache bis mittelstarke einjährige Triebe haben beste Fruchtqualität O Schwarze J.: beste Fruchtqualität seitlich am einjährigen Langtrieb		

Die meisten Sorten von Roter und Weißer Johannisbeere sowie Stachelbeere haben den höchsten Fruchtansatz und die beste Qualität an kurzen bis mittellangen einjährigen Trieben des zwei- bis dreijährigen Holzes, Schwarze Johannisbeere und Jostabeere dagegen seitlich am einjährigen Langtrieb, vor allem im oberen Bereich. Dies muss beim Schnitt beachtet werden.

Ein regelmäßiger Schnitt ist wichtig für kontinuierliche Erträge, da mit dem Alter der Fruchttriebe Größe und Anzahl der Beeren pro Traube abnehmen. Die schönsten Früchte bzw. Trauben entwickeln sich an jungem Fruchtholz. Es ist daher wichtig, Triebe, die älter als drei, vier Jahre sind, durch Jungruten von der Basis zu ersetzen.

Vom Amerikanischen Stachelbeermehltau (*Sphaeroteca morsuvae*) befallene Triebspitzen, die vor allem bei Stachelbeeren und Schwarzen Johannisbeeren auftreten, sind beim Schnitt zu entfernen. Generell empfehlen wir bei diesen Arten bei Neupflanzungen robuste und gegen Mehltau resistente Sorten zu verwenden.

Abb. 4.2a: *Zweijähriger Trieb (li.); Blattknospe seitlich am stärkeren LT (re.) bei roter Johannisbbere*

Abb. 4.2b: *Blütenknospen endständig am schwächeren LT bzw. KT und seitlich am zweijährigen Trieb*

Abb. 4.2c: *Schwächerer LT mit Blüte und Blättern (li.) und stärkerer LT nur mit Blattaustrieben (re.) bei roter Johannisbeere*

Abb. 4.3a: *Triebe bei Schwarzer Johannisbeere: zweijähriger Trieb und Austrieb mit Blüten und Blättern am LT*

Abb. 4.3b: *LT mit endständiger (links) und seitenständiger Blütenknospe (rechts)*

Busch

Diese Erziehung findet insbesondere im Erwerbsanbau von Schwarzer und Roter Johannisbeere für die Verarbeitung Anwendung, da sie sehr einfach ist und hohe Erträge ermöglicht. Um die Gefahr von Krankheiten durch zu dichten Wuchs zu vermeiden, wird ein lockerer Aufbau mit sechs bis zehn Trieben angestrebt, die alle drei Jahre erneuert werden.

Pflanzung und Erziehung

Als Pflanzmaterial werden ein- bis dreijährige, gut bewurzelte Stecklinge verwendet, die am besten im Herbst so tief gepflanzt werden, dass die vorhandenen Triebe unter der Erde herauskommen; dies regt eine kräftige Neutriebbildung von der Basis her an. Es werden maximal vier, fünf Triebe belassen, die um etwa die Hälfte bis zwei Drittel auf nach außen ste-

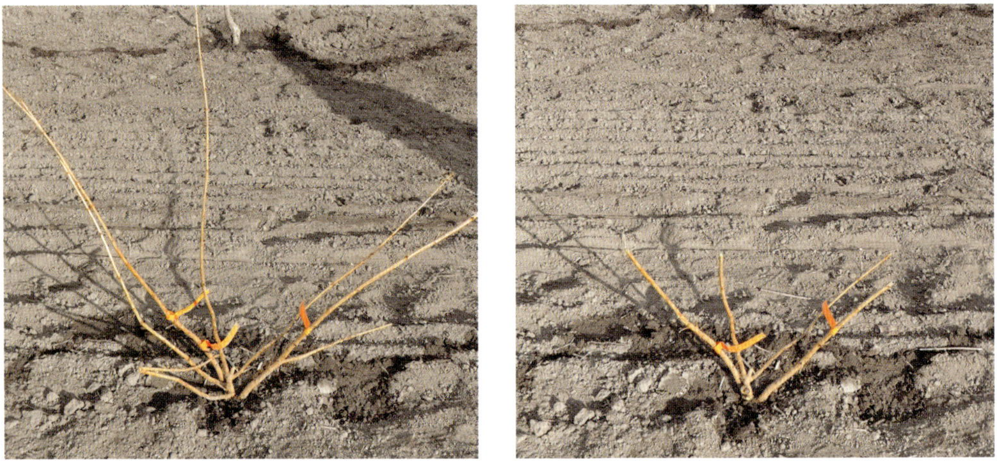

Abb. 4.4: Jostabeere (Buscherziehung) vor und nach dem Pflanzschnitt

Abb. 4.5: Ertragsschnitt/Erhaltungsschnitt (vorher/nachher) von einem längere Zeit nicht mehr geschnittenen Busch (Schwarze Johannisbeere)

hende Augen eingekürzt werden. Im Jahr nach der Pflanzung lässt man neben den Trieben des letzten Jahres die kräftigsten Neutriebe stehen, insgesamt sollen sechs bis zehn Triebe bleiben.

Ertragsschnitt/Erhaltungsschnitt

Man erhält damit in Summe etwa sechs bis zehn Gerüstäste und entfernt regelmäßig alle über vier, fünf Jahre alten Äste, sodass der Busch immer aus einer Mischung aus Neuzuwachs und alten Trieben besteht (ca. ein Drittel einjährig, ein Drittel zweijährig und ein Drittel drei- oder mehrjährige Triebe). Zusätzlich achtet man darauf, nach innen wachsende, zu schwache oder zu dicht wachsende Jung- und Seitentriebe regelmäßig zu entfernen.

Weil Schwarze Johannisbeeren vorwiegend an starken, einjährigen Trieben schöne Früchte bringen, werden diese beim Rückschnitt bevorzugt. Gerüstäste, die älter als drei Jahre sind, werden komplett entfernt.

Dreiast-Hecke, Zweiast-Hecke und Spindel

Im Erwerbsanbau kommen diese Erziehungssysteme vor allem beim Anbau von Roten und Weißen Johannisbeeren und Stachelbeeren für den Frischmarkt zur Anwendung.

Die Vorteile von Hecke und Spindel liegen in der besseren Durchlüftung, höheren Fruchtqualität bei gleichzeitiger Reife, guter Bearbeitbarkeit und hoher Pflückleistung (vor allem bei Stachelbeeren!). Nachteilig sind die Gerüsterstellung und die erhöhte Gefahr von Schäden an den Früchten durch Spätfröste, Sonnenbrand oder Hagel durch die geringere Belaubung, insbesondere bei der Spindel.

Das Gerüst erhält Stabilität durch im Abstand von fünf bis sechs Meter in den Boden getriebene Stützpfähle aus verwitterungsbeständigem Holz oder Beton. Drähte werden in 50 bis 60, 100 bis 120 und 150 bis 170 Zentimeter Höhe gespannt bzw. wenn nötig auch noch eine Etage höher. Die Gerüsttriebe werden an diesen Drähten befestigt.

Abb. 4.6: Dreiast- und Zweiast-Hecke sowie Spindel (www.lwg.bayern.de/gartenakademie)

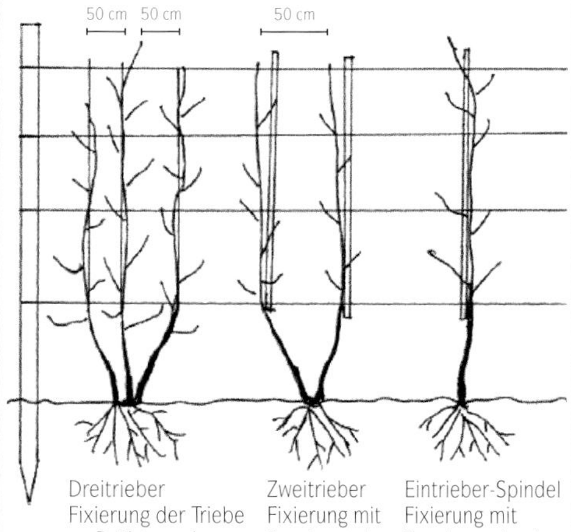

Man kann die Haupttriebe auch durch Bambusstäbe stützen. Dazu werden nur zwei horizontale Drähte gespannt (in 50 bis 80 und 160 bis 180 Zentimeter Höhe). An diesen Drähten befestigt man im Winkel von 30 bis 45° zwei bzw. drei nach unten zulaufende Bambusstäbe. An diesen werden die Triebe angebunden. Bei der Spindel wird alle 50 Zentimeter ein Haupttrieb senkrecht am Draht oder Bambusstab erzogen.

Pflanzung und Erziehung

Nach der Pflanzung, die etwas höher als beim Busch erfolgt, werden je nach gewünschter Heckenform die zwei oder drei stärksten Triebe belassen, die übrigen an der Basis entfernt. Die gewählten Triebe werden im Winkel von 45° auseinandergebogen und am untersten horizontal verlaufenden Stützdraht in einem

Abb. 4.7: *Rote Johannisbeere vor und nach dem Pflanzschnitt bei der Erziehung zur Dreiast-Hecke*

Abb. 4.8: *Schnitt einer vierjährigen Roten Johannisbeere (Sorte „Telake“) zu einer Dreiast-Hecke; es wurden drei Haupttriebe und ein einjähriger Jungtrieb als künftiger Ersatz belassen.*

Abstand von 50 Zentimetern befestigt. Alle bodennahen Knospen unter 50 Zentimeter werden von Hand abgerebelt, bei der Stachelbeere nimmt man dazu die Schere. Außerdem entfernt man die Knospen, die neben und unterhalb der Terminalknospe liegen. Bei der Spindel verfährt man mit dem einen Haupttrieb genauso, entfernt alle bodennahen Knospen bis 30 Zentimeter Höhe sowie die Konkurrenten zur Terminalknospe.

Ertragsschnitt/Erhaltungsschnitt

Im Jahr nach der Pflanzung fixiert man die weiterwachsenden Haupttriebe senkrecht verlaufend wieder am Drahtgerüst. Von der Stockbasis kommende Neutriebe werden im Frühling (Mai) ausgerissen. Von den neuen Seitentrieben der Hauptäste soll wechselständig nur etwa alle 15 bis 20 Zentimeter ein Ast stehen bleiben, die überzähligen kürzt man auf zwei, drei Zentimeter kurze Zapfen ein, damit sich im Folgejahr daraus neue Fruchtäste bilden. Ziel sind kräftige Haupttriebe mit fünf bis sieben gleichmäßig verteilten, untergeordneten, einjährigen Fruchtästen. An diesen bilden sich die besten Trauben und Beeren. Die Konkurrenten der Terminalknospe werden im Winter wieder abgebrochen.

Bis zum 3. Standjahr werden Bodentriebe im Zuge der Pflegemaßnahmen regelmäßig ausgerissen, später werden einzelne als Ersatz für alte Leittriebe belassen. Abgetragene Fruchtäste werden auf Zapfen eingekürzt, um im Folgejahr neues, einjähriges Fruchtholz zu bekommen.

Die Schnittmaßnahmen der Spindel sind jenen der Hecke ähnlich, auch hier werden zu alte und vergreiste Hauptäste durch Jungtriebe von der Basis ersetzt.

Abb. 4.9: *Dreiast-Hecke bei Roter Johannisbeere („Rovada": ganz rechts wird ein Jungtrieb von unten als Ersatztrieb belassen) und Stachelbeerspindel („Xenia") bereit zur Ernte*

Erziehungsformen und Pflanzabstände

Erziehungsform	Wuchsstärke	Pflanzabstand	Abstand zw. Reihen	Pflanzmaterial	Anmerkungen	Besonderheiten
Busch	mittel bis stark	1,5 m	2,5–3 m	bewurzelte Stecklinge, 1–3 Jahre alt, 3–5 Triebe ideal	>5 Triebe: alle Triebe um ca. $^{2}/_{3}$ kürzen	tief pflanzen!
Dreiast-Hecke	mittel bis stark	1,5 m	2,5–3 m	gut bewurzelter Busch mit Einzeltriebhöhe von 80–150cm, 3–5 Triebe ideal	stärkste 3 Triebe verwenden, Rest entfernen	
Zweiast-Hecke	mittel bis stark	1 m	2,5–3 m	gut bewurzelter Busch mit Einzeltriebhöhe von 80–150cm, 3–5 Triebe ideal	stärkste 2 Triebe verwenden, Rest entfernen	Wurzelansatz etwas aus Pflanzloch herausstehen lassen, damit weniger Neutriebe gebildet werden
Spindel (Eintieber)	mittel bis stark	0,5 m	2,5–3 m	gut bewurzelter Busch mit Einzeltriebhöhe von 80–150cm, 3–5 Triebe ideal	stärksten Trieb verwenden, Rest entfernen	

Je tiefer die Pflanzung, desto stärker der Austrieb von der Basis. Pflanztiefe aller Sorten wie in der Baumschule; Pflanzloch doppelt so groß wie Wurzelballen. Schwarze J.: 10–15 cm tiefer pflanzen; fruchten im Spitzenbereich einjähriger Langtriebe.

Himbeere *(Rubus idaeus)*

Jahresablauf	J	F	M	A	M	J	J	A	S	O	N	D	
Pflanzung (Grünpflanzen)				X									bei frostfreier Witterung
Pflanzung (wurzelnackt)		(X)	X						X	X	X		vor dem Austrieb bzw. noch im Herbst vor dem Frost
Schnitt (Jungruten – Sommerhimbeeren)		X	X		X	X			X		X		auslichten (Frühjahr), pinzieren, aufbinden (nach Ernte), einkürzen (Spätherbst)
Schnitt (Tragruten – Sommerhimbeeren)									X				auslichten (Frühjahr), entfernen (nach Ernte)
Schnitt (Herbsthimbeeren)	X					X					(X)	X	auslichten (Frühjahr), entfernen (nach 2. Ernte oder im Herbst nach Einmalernte)
Ernte (Sommerhimbeeren)						(X)	X	X					
Ernte (Herbsthimbeeren)						(O)	(O)	X	X	X	(X)		(O) bei zweimaliger Ernte

Natürlicher Wuchs

Die Himbeere ist ein verholzter Halbstrauch und bildet von der Basis ausgehend laufend neue, verholzte Triebe, die nach dem Fruchten im Herbst des 2. Jahres absterben.

Knospen und Triebe bei der Himbeere

Name	*Rubus idaeus*	
	seitlich	**endständig**
übliche Knospen-/Triebform: **Jungrute**		
vegetativ	(X)	X
generativ	(O)	(O)
übliche Knospen-/Triebform: **Fruchtrute**		
vegetativ	X	X
generativ	X	X
Wildform bestachelt (O) = nur bei Herbsthimbeeren		

Sommerhimbeeren: Im ersten Jahr bilden sich Jungruten, an denen im August und September Blütenknospen angelegt werden. Erst nach einer Überwinterung bilden sich im 2. Jahr aus diesen Knospen von der Triebspitze beginnend flach wachsende Blütenstände, an denen im Juni und Juli die Früchte reifen. Anschließend vertrocknen die Triebe und werden durch die ab Mai heranwachsenden Jungruten ersetzt (siehe Abb. 4.10a links).

Herbsthimbeeren fruchten bereits an den Jungruten im ersten Jahr (ab August bis Frostbeginn), ebenfalls von der Triebspitze beginnend; mit Einbruch des Winters wird die Fruchtbildung unterbrochen und der abgetragene Teil des Triebes trocknet ein. Sie sind remontierend, die Knospen an Triebmitte und Basis, die noch nicht gefruchtet haben, treiben im nächsten Frühsommer aus und fruchten wie Sommersorten.

Erziehungssysteme

Für die Kultivierung von Himbeeren gibt es Erziehungsformen mit und ohne Trennung von Jung- und Tragruten. Die Pfähle sollen einen Durchmesser von gut zehn Zentimetern haben und aus schwer verwitterndem, heimischem Holz bestehen.

Abb. 4.10a: Himbeerruten: Sommerhimbeere zum Schnittzeitpunkt nach der Ernte mit Jungrute (links) und Fruchtrute (rechts)

Abb. 4.10b: Herbsthimbeere: in diesem Jahr gewachsene Jungrute mit Fruchtertrag im oberen Bereich

Abb. 4.10c: Detail von Jungrute: Knospe im Sommer und Winter (oben), daraus entwickelt sich im nächsten Jahr ein Fruchtast – Detail von Fruchtrute mit Blüte und nach der Ernte (rechts)

Abb. 4.11: Vegetationszyklus Sommerhimbeere (links), Herbsthimbeere (rechts) (Quelle: Weiß et al. 2001)

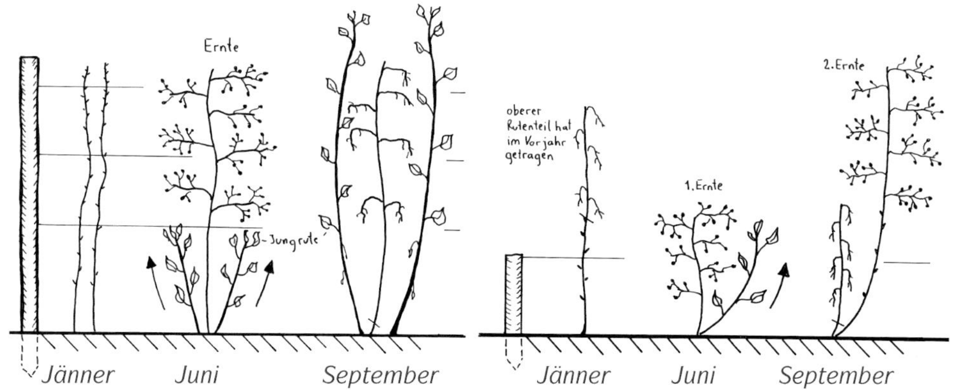

Einfacher Drahtrahmen

Bei dieser gängigen und günstigen Variante werden die Ruten senkrecht erzogen. Alle sechs bis zehn Meter werden Pfähle in die Erde getrieben und dazwischen Drähte in Höhen von 80, 120 und 170 (180) Zentimetern angebracht. An diesen Drähten werden die Ruten einzeln befestigt. Eine Trennung von Jung- und Tragruten ist hierbei nicht möglich, was Ernte und Schnitt erschwert und den Bestand sehr dicht werden lässt.

Alternierende Staberziehung

Für diese relativ neue Form der Staberziehung benötigt man zusätzlich Bambusstäbe (oder billigere und ebenso funktionelle Welldrähte). Die Stäbe werden in der Reihe alle 50 Zentimeter in den Boden gesteckt bzw. an den horizontalen Drähten befestigt. In neuen Anlagen setzt man sie mittig zwischen die Jungpflanzen. An jedem zweiten Stab werden im Frühjahr die Tragruten angebunden. Die Seitentriebe verteilen sich

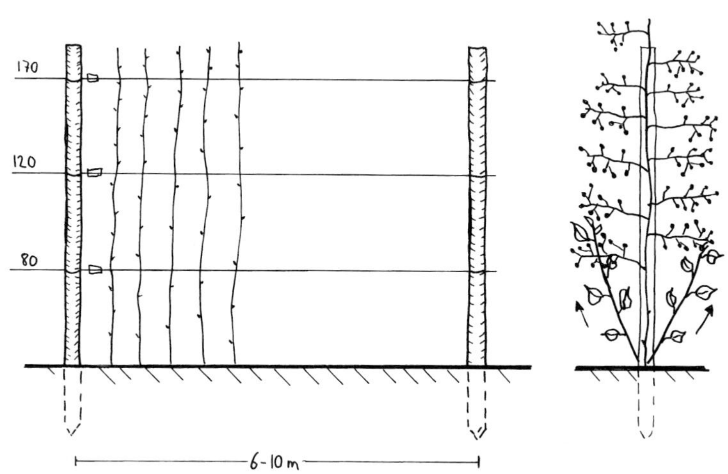

Abb. 4.12: Einfacher Drahtrahmen (Quelle: Weiß et al. 2001)

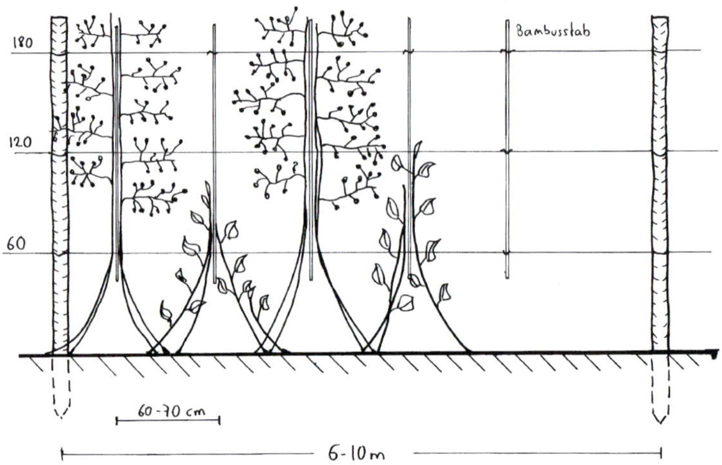

Abb. 4.13a: *Alternierende Staberziehung schematisch (Quelle: Weiß et al. 2001)*

nach dem Austrieb links und rechts des Stabes und bilden eine geschlossene Laubwand. Die Jungruten befestigt man an den restlichen freien Stäben. Das gebündelte Anbinden der Tragruten erfordert weniger Handgriffe und die Trennung von Trag- und Jungruten erleichtert Ernte sowie Schnitt.

Abb. 4.13b: *Alternierende Staberziehung in einer Sommerhimbeeranlage („Glen Ample")*

V-System

Das V-System ist der Staberziehung ähnlich, jedoch werden hierbei Querstreben an den Pfählen am oberen Ende angebracht, wodurch Jung- und Tragruten voneinander getrennt wachsen. Bei diesem System ist ein breiterer Reihenabstand notwendig. An den beiden äußeren Enden der Querverstrebung des „T" führen daran montierte Streben zum Pfahl am Boden und bilden so ein „V". An diesen werden die horizontal verlaufenden Drähte fixiert. Tragruten werden an den beiden Seiten des Gerüsts angebunden, nach innen wachsende Seitentriebe erschweren aber die Ernte. Jungruten wachsen innen frei nach oben.

Bei der verbesserten Version dieses Systems können die beiden Drahtwände während der Fruchttriebbildung nach innen verschoben werden. So erhält man eine senkrechte Wand und die Seitentriebe wachsen zu beiden Seiten überwiegend nach außen. Zur Blüte hängt man die Drähte in die V-Stellung, die Früchte entwickeln sich dann nach außen hängend. Nachteilig wirkt sich ein mögliches Abbrechen von einzelnen nach innen gewachsenen Seitentrieben beim Ausschwenken aus.

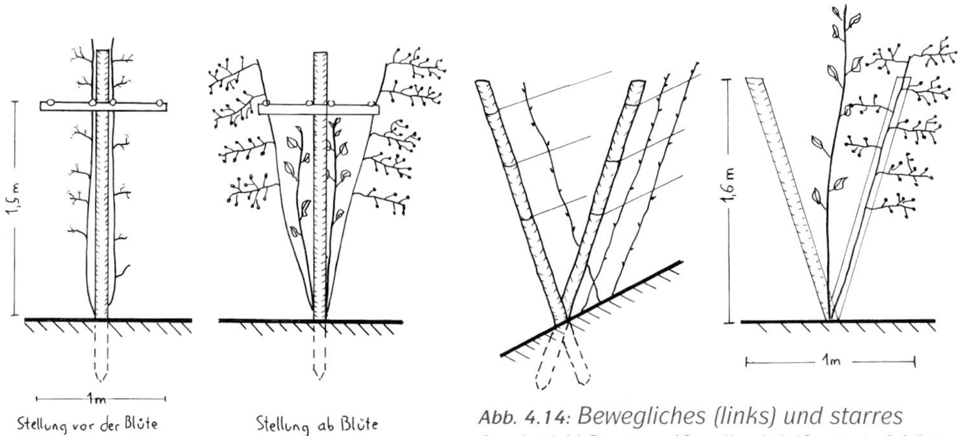

Abb. 4.14: Bewegliches (links) und starres (rechts) V-System (Quelle: Weiß et al. 2001)

Gerüst mit Drahtgitter für Herbsthimbeeren

Da Herbsthimbeeren nur im Triebspitzenbereich fruchten, ist ein an Pfählen befestigtes Drahtgitter in 70 bis 90 Zentimetern Höhe ausreichend, um den Ruten genügend Halt zu geben. Für stärker wachsende Sorten sollte ein zusätzliches Gitter in 140 bis 160 Zentimeter Höhe angebracht werden.

Pflanzung und Schnitt

Die Pflanzung ist im Herbst von September bis November oder bei frostfreier Witterung im zeitigen Frühjahr möglich.

Sommertragende Himbeeren

Beim Pflanzmaterial handelt es sich um einjährige, wurzelnackte Ruten, die am besten im Herbst gepflanzt werden. Die obersten Wurzeln kommen ca. fünf Zentimeter tief unter die Erde, die Ruten werden nach der Pflanzung auf ca. 20 Zentimeter eingekürzt. Im folgenden Jahr bilden sich aus den Knospen der Stockbasis neue Triebe, welche im zweiten Jahr fruchten. Die Jungruten werden im Juni ausgelichtet, wobei zu starke, zu schwache sowie beschädigte Ruten entfernt werden. Nach der Ernte werden sie aufgebunden und im Spätherbst auf Gerüsthöhe eingekürzt. Pro Laufmeter sollten etwa acht bis 12 kräftige und gesunde neue Tragruten stehen bleiben. Im zweiten Jahr werden die abgetragenen Triebe möglichst gleich nach der letzten Ernte knapp über dem Boden abgeschnitten, um die Ausbreitung von Krankheiten zu verhindern.

Als Alternative gibt es Grünpflanzen im Topfballen, die grundsätzlich ganzjährig, am besten

Abb. 4.15: Gittersystem bei Herbsthimbeeren (Quelle: Weiß et al. 2001)

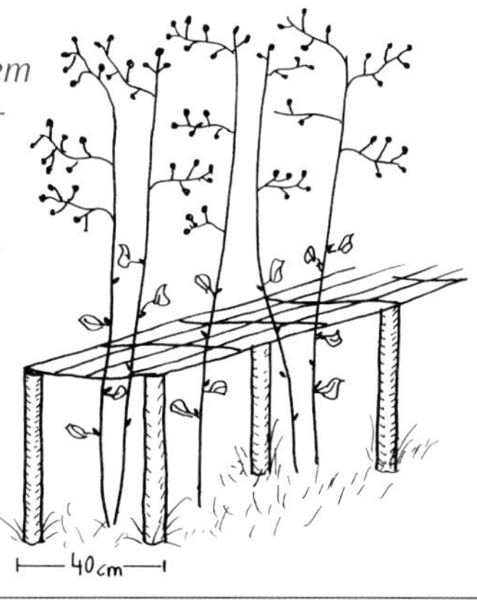

aber im April gepflanzt werden und nicht eingekürzt werden müssen. Die Pflanzengesundheit ist bei Grünpflanzen an den Blättern leichter überprüfbar, dafür kosten sie mehr. Die vor dem Pflanzen gut durchfeuchteten Topfballen werden ca. zwei bis drei Zentimeter tiefer gepflanzt.

Herbsthimbeeren

Der Pflanzvorgang ist identisch mit dem der vorher beschriebenen Sommerhimbeeren, nur dass bereits im ersten Jahr mit einer kleinen Ernte zu rechnen ist. Die Ruten werden am besten jährlich gleich nach der letzten Ernte noch vor dem Winter komplett entfernt (siehe Abb. 4.17). Auf diese Weise können keine Krankheiten und Schädlinge den Winter überdauern, wodurch Herbsthimbeeren im Vergleich zu Sommerhimbeeren leichter gesund zu halten sind.

Weil zu starkes Pflanzenwachstum die Fruchtentwicklung hemmt, ist es ratsam, die ersten Jungruten im Frühjahr zu entfernen. Um den Bestand luftig zu halten, werden dann im Juni vorzugsweise schwächere und unschöne Triebe entfernt, es bleiben ca. zehn Tragruten pro Laufmeter.

Möchte man zweimal ernten, so wird die abgetragene Triebspitze beim Austrieb entfernt, es entstehen Seitentriebe wie bei der Sommerhimbeere, die dann im kommenden Frühsommer erneut fruchten. Der Ertrag an den frisch wachsenden Ruten im Herbst ist bei Pflanzen, die zweimal beerntet werden, allerdings geringer.

Abb. 4.16: Schnitt der Sommerhimbeere: Einzelpflanze vor und nach dem Schnitt im Sommer: Die abgeernteten Fruchtrute wird an der Basis entfernt

Abb. 4.17: Herbsthimbeere (Sorte „Autumn Bliss") vor und nach dem Schnitt

Erziehungsformen und Pflanzabstände

Erziehungsform	Pfahlabstand	Drahthöhe	Ruten/lfm	Pflanzabstand		Pflanzmaterial	Anmerkungen
				in den Reihen	zw. den Reihen		
Drahtrahmenerziehung	6 m	0,8 + 1,20 + 1,60 m	8 bis 12	0,4–0,6 m	2,5 m	wurzelnackte Ruten oder getopfte Grünpflanzen	keine Trennung von Jung- und Tragruten
alternierende Staberziehung	6 m	0,8 + 1,20 + 1,60 m	8 bis 12	0,4–0,6 m	2,5 m	wurzelnackte Ruten oder getopfte Grünpflanzen	Trennung von Trag- und Jungruten
V-Gerüst	6 m	0,8 + 1,20 + 1,60 m	8 bis 12	0,4–0,6 m	3 m	wurzelnackte Ruten oder getopfte Grünpflanzen	Trennung von Trag- und Jungruten
Gerüst mit Drahtgitter	6 m	0,7–0,9 m	8 bis 12	0,3–0,6 m	2,5 m	wurzelnackte Ruten oder getopfte Grünpflanzen	für Herbsthimbeeren

Brombeere (*Rubus fruticosus*)

Jahresablauf	J	F	M	A	M	J	J	A	S	O	N	D	
Pflanzung (Grünpflanzen)					X								bei frostfreier Witterung
Pflanzung (wurzelnackt)			X	(X)						X	X		
Jungruten			X				X	X	X				im Sommer: Seitentriebe laufend pinzieren, Jungruten auslichten + anbinden (Spätsommer)
Tragruten									X	X			entfernen (nach Ernte)
Ernte							X	X	X				

Natürlicher Wuchs

Auch die Brombeere ist wie die Himbeere ein verholzter Halbstrauch, der nach dem Fruchten in zweiten Jahr abstirbt.

Knospen und Triebe bei der Brombeere

Name	*Rubus fruticosus*	
	seitlich	**endständig**
übliche Knospen-/Triebform: **Jungrute**		
vegetativ	X	X
generativ		
übliche Knospen-/Triebform: **Fruchtrute**		
vegetativ	X	X
generativ	X	X
Es gibt bestachelte und unbestachelte Sorten		

Die Brombeere fruchtet ähnlich wie die Sommerhimbeere im 2. Jahr an seitlichen Austrieben der Rute vom letzten Jahr, sie neigt im ersten Jahr jedoch mehr zum Verzweigen. Damit sie nicht zu dicht wird, werden die für die Erziehung nicht benötigten Seitentriebe laufend auf zwei bis vier Augen eingekürzt (= pinziert, siehe Abb. 4.20).

Abb. 4.18a: *Triebe und Knospen der Brombeere: Einjährige Jungrute und Detail mit Knospe an der Jungrute, woraus sich im nächsten Jahr ein Fruchtast entwickelt.*

Erziehung und Schnitt

Generell eignet sich ein einfacher Drahtrahmen für die Erziehung.

Bei Brombeeren sind zwei Wuchstypen zu unterscheiden. Für die mehr **aufrecht** wachsenden (dazu gehören die meisten modernen Sorten) eignet sich am besten die Fächererziehung, bei welcher die Ruten ähnlich wie bei der Sommerhimbeere gezogen werden, allerdings mit einem weiteren Abstand in der Reihe von zwei Metern.

Die **rankenden** Sorten (dazu gehören die meisten älteren Sorten) wachsen stärker und benötigen einen größeren Standraum, sie werden auf mindestens vier Meter gepflanzt und die Ruten werden horizontal an den Drähten erzogen. Der Schnitt ist ähnlich wie bei der Sommerhimbeere: Die abgetragenen Ruten werden am besten sofort nach Abschluss der Ernte komplett entfernt. So wird die Ausbreitung von Holz- und Wurzelkrankheiten von den alten Ruten auf die Jungruten am besten verhindert; alternativ kann auch noch im Spätwinter geschnitten werden. Die Jungruten werden auf vier bis acht pro Pflanze vereinzelt und angebunden, wobei krankhafte, beschädigte, zu starke und zu schwache Ruten zu entfernen sind. Seitentriebe, die nicht für die Erziehung benötigt werden, werden auf zwei bis vier Augen eingekürzt, dies geschieht am besten laufend, spätestens jedoch beim Spätwinterschnitt.

Abb. 4.18b: *Fruchtast zur Blüte (oben), Fruchtast zur Ernte (Mitte) und nach der Ernte zum Zeitpunkt des Nachernteschnittes (unten)*

Abb. 4.20: Ein Seitentrieb an einer Jungrute der Sorte „Loch Ness" wird beim Winterschnitt auf zwei Augen eingekürzt

Abb. 4.21: Brombeere („Loch Ness" in Fächererziehung im 4. Jahr) vor und nach dem Schnitt im ausgehenden Winter: Neben den abgestorbenen Tragruten wurden alle krankhaften und beschädigten Jungruten entfernt; da nur wenige schöne Jungruten übrig blieben, wurden einige Seitentriebe länger (mehr als zwei bis vier Augen) als üblich belassen; danach wurden die Ruten verteilt und angebunden.

Abb. 4.19: Fächererziehung (oben) und horizontale Drahterziehung (unten) (Quelle: Weiß et al. 2001)

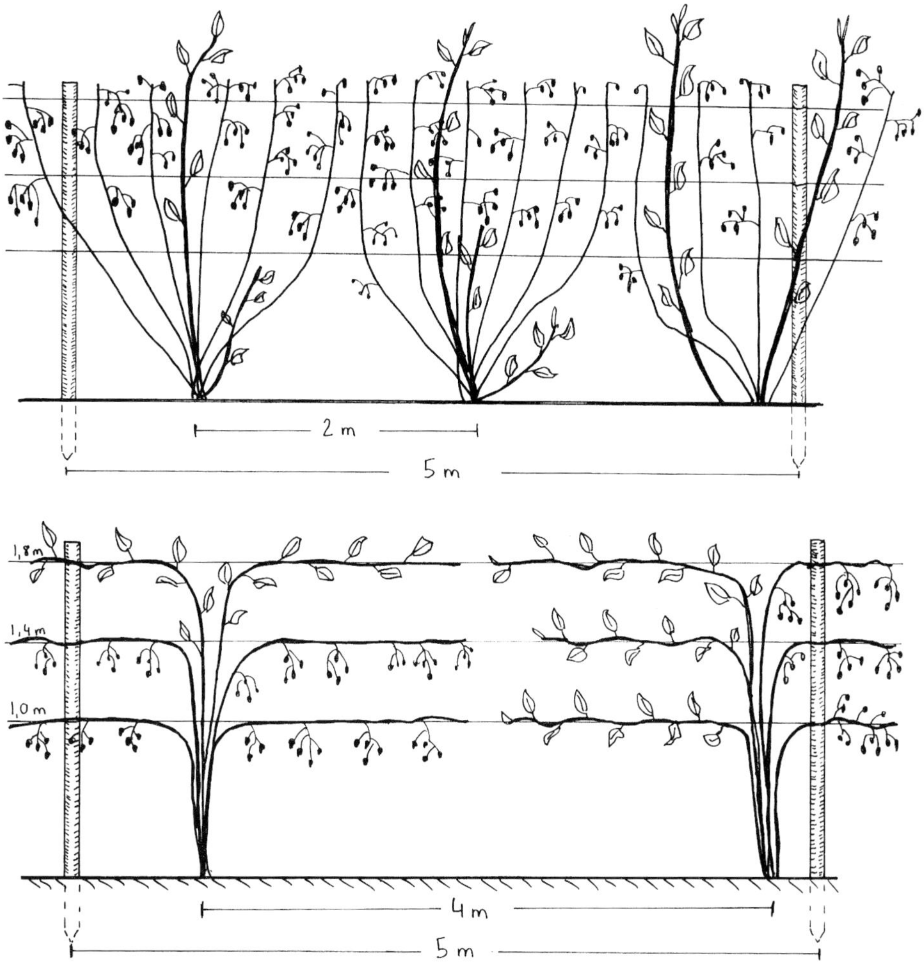

Erziehungsformen und Pflanzabstände

Erziehungs-form	Pfahl-abstand	Draht-höhe	Ruten/ Pflanzen	Pflanzabstand		Pflanzmaterial	Anmerkungen
				in den Reihen	zw. den Reihen		
Drahtrahmen oder V-Gerüst	5 bis 8 m	1,0 + 1,40 + 1,80 m	3 bis 5	1–2 m	3 m	einjährige Topfpflanzen	schwach wachsende Sorten
Gerüst mit Drahtgitter	5 bis 8 m	1,0 + 1,40 + 1,80 m	4 bis 8	4 m	2,5 m	einjährige Topfpflanzen	stark wachsende Sorten

Heidelbeere *(Vaccinium corymbosum)*

Jahresablauf	J	F	M	A	M	J	J	A	S	O	N	D	
Grundschnitt		(X)	X*	(X)									in Schneelagen eher Frühjahr
Grünschnitt					X								Pinzieren der Seitentriebe
Pflanzung			X	X									
Vermehrung			X	X			(X)						Holzstecklinge, (Grünstecklinge)
Ernte							X	X	X				folgeartige Reife
Besonderes	Blüten frostempfindlich ab ca. –5 °C. Saurer Boden pH 4–5 * Schnittintervall: alle 3–4 Jahre Auslichtungsschnitt, altes Holz entfernen/ableiten												

Knospen und Triebe bei der Heidelbeere

Name	*Vaccinium corymbosum*	
	seitlich	endständig
übliche Knospen-/Triebform: **Kurztrieb (KT)**		
vegetativ		X
generativ		X
übliche Knospen-/Triebform: **Langtrieb (LT)**		
vegetativ	X	
generativ	X	X
Besonderes traubige Blütenstände		

Entscheidend für ein gutes Wachstum der Heidelbeeren sind neben einer guten Bodenfeuchtigkeit ein hoher Humusgehalt von vier bis fünf % und ein pH-Wert des Bodens von vier bis fünf. Erreichen kann man dies durch Bodenaustausch vor der Pflanzung mit Torf oder alternativ mit Sägespänen und Rindenmaterial. Auch in Töpfen zu pflanzen ist möglich. Dank einem sehr oberflächlichen Wurzelwachstum sollte bereits eine Pflanzgrube mit unter 50 Zentimetern Tiefe und 80 bis 100 Zentimeter Breite ausreichen, um der Pflanze genügend sauren Boden zur Verfügung zu stellen.

Natürlicher Wuchs

Der natürliche Wuchs ist strauchartig und je nach Sorte eher aufrecht oder breiter. Über die Jahre vergreisen die Triebe und es kommt zu einem Neuaustrieb aus der Stockbasis.

Pflanzschnitt

Zur Pflanzung werden zwei- bis dreijährige, gut verzweigte und bewurzelte Stecklinge verwendet. Der Strauch wird ca. fünf Zentimeter tiefer eingepflanzt als in der Baumschule, um eine gute Neutriebbildung aus der Basis zu erreichen. Ein leichter Wurzelanschnitt ist fürs Anwachsen förderlich, außerdem werden beschädigte oder flach stehende Triebe unmittelbar nach der Pflanzung entfernt. Die verbleibenden Langtriebe werden um ein Drittel auf ca. 30 bis 40 Zentimeter eingekürzt.

Erziehungs- und Erhaltungsschnitt

Der Strauch wird in den ersten Jahren nicht mehr geschnitten, auch später wird nur alle drei, vier Jahre eingegriffen, um den Neuaustrieb aus der Stockbasis anzuregen. Bei diesem Auslichtungsschnitt werden alte, kranke und zu flach stehende Triebe und Äste entfernt oder auf jüngeres Holz abgeleitet. Ein optimaler Strauch besteht aus ca. sechs bis acht Ästen (drei- bis vierjährig) mitsamt einigen Jungtrieben.

Abb. 4.22a: Kurztrieb (KT) mit Blüten- und Blattknospen (links) und (schwächerer) Langtrieb mit Blütenknospen vorne und seitlich (rechts)

Abb. 4.22b: Derselbe LT beim Aufblühen und in Vollblüte

Abb. 4.23: *Auslichtungsschnitt bei einem sechsjährigen Heidelbeerbusch der Sorte „Goldtraube" (vorher – nachher)*

Die Blüten stehen vorwiegend an der Spitze einjähriger Triebe. Durch Pinzieren der Triebe im Frühjahr entsteht eine hohe Anzahl an Seitentrieben mit endständigen Blütenknospen. Ein hoher Fruchtansatz geht auf Kosten des Triebwachstums, wodurch der Strauch über die Jahre zum Vergreisen neigt.

An kräftig verzweigten Trieben kann durch Ausbrechen einiger kleinerer, schwacher Verzweigungen das Fruchtholz reduziert werden, was die Qualität steigert. Durch einen verjüngenden Rückschnitt wird das Wachstum neuer Triebe angeregt und somit eine bessere Fruchtqualität erreicht.

Andere Obstarten

Walnuss (*Juglans regia*)

Jahresablauf	J	F	M	A	M	J	J	A	S	O	N	D
Grundschnitt					(X)			X	(X)			
Veredeln*				X				X				
Pflanzen				X	(X)							
Ernten									X	X		

am besten Kopulation und anschließend Vortreiben im Glashaus

Natürlicher Wuchs

Die Walnuss wächst anfangs sehr stark und bildet große Bäume mit einer pyramidalen bis breitrunden Krone.

Knospen und Triebe bei der Walnuss

Name	*Juglans regia*			
	seitlich	**endständig**	**seitlich**	**endständig**
	übliche Knospen-/Trieb-form: **Kurztrieb (KT)**		übliche Knospen-/Trieb-form: **Langtrieb (LT)**	
vegetativ	X	X	X	X
generativ ♂*	A1			
generativ ♀*		A2		
* Die Walnuss ist einhäusig getrenntgeschlechtlich, d. h., ♂ und ♀ Blüten sind auf einem Baum getrennt vorhanden				

Pflanzung, Erziehung und Schnitt

Aufgrund ihrer Frostempfindlichkeit werden Walnussbäume im Frühjahr gepflanzt. Wird eine spätere Holzgewinnung auch ins Auge gefasst, so sollte ein mindestens 2,2 Meter langer, gerader Stamm ohne Seitenäste erzogen werden, wozu ein langer Pflock benötigt wird.

Mit dem Pflanzschnitt wird am besten eine locker aufgebaute Pyramidenkrone mit drei bis vier Leitästen erzogen. In der Jugendphase werden Konkurrenztriebe am besten gleich im Sommer entfernt.

Da die Walnuss auf Schnittwunden empfindlich reagiert, wird so wenig wie möglich geschnitten und wenn unbedingt notwendig, am besten im Sommer. Beim Wegschneiden von Ästen ist besonders auf eine exakte Schnittführung zu achten.

Unterlagen, Erziehungsformen und Pflanzabstände

Unterlage	Wuchsstärke	Pflanzabstand	Eigenschaften	Pflanzmaterial
Sämling juglans regia (z. B. GH 139)	100 %	10 x 10 m und weiter	für trockene Standorte	Kronenbaum oder Heister
Sämling juglans nigra	80 %	8 x 8 m	für feuchte Standorte (verträgt leichte Staunässe)	

Abb. 5.1: *Walnussbaum (Foto: Wolfgang Töpfer)*

rechts KT nach dem Austrieb mit männlichen (hinten, A1) und weiblichen Blütenständen (vorne, A2) und mit Frucht zur Ernte, wo bereits deutlich die zapfenartigen männlichen Blütenknospen meist im hinteren Bereich und die runderen weiblichen an der Spitze des Triebes sichtbar sind (rechts).

Abb. 5.3: *Erziehungsschnitt zur Pyramidenkrone bei einem Walnussbaum (links vor und rechts nach dem Schnitt) (Fotos: Duhan, Institutsarchiv)*

Weinrebe im Hausgarten (*Vitis ssp.*)

Jahresablauf	J	F	M	A	M	J	J	A	S	O	N	D	
Grundschnitt		(X)	X	X									nach den stärksten Winterfrösten
Grünschnitt					X		X	X					Entfernen überschüssiger Triebe nach dem Austrieb. Ab Juli Traubenzone entblättern, Geiztriebe entfernen oder einkürzen der Wipfeln zu langer Triebe
Pflanzen				X	X		(X)	(X)					(Topfreben im Sommer)
Ernten								(X)	X	X	(X)		

Da es sehr viele Erziehungssysteme im professionellen Weinbau gibt, werden in diesem Kapitel nur einige vorgestellt, die im Hausgarten häufig zu finden sind.

Knospen und Triebe bei der Weinrebe

Name	*Vitis ssp.*	
	seitlich	**endständig**
übliche Knospen-/Triebform:		**einjährige Rute**
vegetativ	**X**	
generativ	**X**	
Besonderes		
Ideale Tragruten entstehen aus Knospen vom letztjährigen Trieb		

Natürlicher Wuchs

Die Rebe ist eine Kletterpflanze, die andere Sträucher oder Bäume zur Unterstützung benötigt. Die am höchsten stehenden Triebe wachsen am stärksten.

Pflanzung und Erziehung

Bei Neupflanzungen empfehlen wir im Hausgarten ausschließlich die Verwendung von „Piwi"-Sorten; sie sind gegen Pilzkrankheiten (vor allem Falscher und Echter Mehltau) widerstandsfähig.

Am besten wird Ende April oder im Mai gepflanzt, wenn keine Fröste mehr zu befürchten sind. Veredelte Jungpflanzen im Ein-/Zwei-Liter-Topf können auch im Sommer gepflanzt werden. Das Pflanzloch sollte größer als 20 x 30 Zentimeter sein und bis auf eine Tiefe von 50 Zentimetern ausgehoben werden, die Veredelungsstelle sollte mindestens vier Zentimeter oberhalb des Bodens stehen.

Bei einer Pergola wird den Platzverhältnissen entsprechend weiter gepflanzt, und um ein gutes Abtrocknen des Laubes zu ermöglichen, mindestens 20 Zentimeter von einer Mauer entfernt. Bei einer Erziehung im Kordonsystem (Weinbau) wird, abhängig von der Wuchskraft

Abb. 5.4: *Rebenpergola*

Abb. 5.5: Knospe bei der Weinrebe im Detail zum Schnittzeitpunkt im Spätwinter (Anfang April) und nach dem Austrieb (Ende April mit bereits sichtbaren Gescheinen)

Abb. 5.6a: Einjährige Rute nach dem Schnitt im Spätwinter (links) und derselbe Trieb Anfang Juni (rechts): Es ist gut sichtbar, dass sich aus (fast) jeder Knospe ein Langtrieb mit ein bis drei Trauben bildet und dass basisnahe Augen weniger fruchtbar sind als weiter vorne gelegene.

der Sorte, im Abstand von 1 bis 1,50 Meter gesetzt.

Um einen kräftigen Austrieb zu erhalten, wird bei einjährigen Reben unmittelbar nach der Pflanzung bzw. bei frisch gepfropften Reben nach dem ersten Jahr auf zwei Augen zurückgeschnitten (siehe Abb. 5.7). Nach dem Austrieb wird der kräftigste Trieb am Stock belassen, die restlichen werden Ende Mai, wenn keine Fröste mehr zu erwarten sind, weggebrochen. Der Trieb sollte im Sommer regelmäßig angebunden, Seitentriebe auf ca. zwei bis drei Blätter zurückgeschnitten oder pinziert werden.

Erziehungs- und Erhaltungsschnitt

Pergola- und Spaliererziehung

Wenn der Jungtrieb stark genug gewachsen ist, kann schon im nächsten Frühjahr der Stockaufbau erfolgen. Im März wird der verholzte Haupttrieb von allen Seitentrieben befreit und auf

Abb. 5.6b: *Jungtrieb mit Gescheinen Ende Mai*

Abb. 5.6c: *Triebausschnitt mit Traube zur Ernte im September*

Abb. 5.7: *Eine schräg an einer Hauswand gepflanzte einjährige Topfrebe wird auf zwei Augen zurückgeschnitten.*

Abb. 5.8: *Rebe als Spalier an einem Zaun erzogen vor und nach dem Schnitt auf Strecker und Zapfen*

Abb. 5.9: *Derselbe Trieb wie oben (Strecker wurde heruntergebunden) im nachfolgenden Herbst (Ausschnitt)*

Abb. 5.10: *Rebe auf einer Pergola gezogen nach dem Austrieb Anfang Mai und zur Ernte im Oktober (Sorte „Isabella")*

Abb. 5.11: *Kordonerziehung an einer Hauswand kurz nach dem Austrieb Anfang Mai; deutlich erkennbar ist der Schnitt auf Zapfen (Detail unten)*

die gewünschte „Stammhöhe" angeschnitten. Die Triebstärke sollte dort mindestens acht bis zehn Millimeter betragen. Ansonsten sollte man etwas tiefer zurückschneiden und den Stockaufbau um ein Jahr verschieben. Beim Austrieb werden mindestens zwei oder bei gutem Wuchs die obersten drei bis vier Triebe belassen, alle übrigen werden weggebrochen. Im Folgejahr werden zwei gut entwickelte Triebe ausgesucht und es wird ein langer Bogen (Strecker) mit acht bis 12 Augen und ein zweiter kurzer mit zwei Augen als Ersatzzapfen geschnitten. Generell werden mittelstarke, gut verholzte Triebe als Strecker bevorzugt, da sie am fruchtbarsten sind. Zu schwache, zu dicke oder beschädigte Triebe werden entfernt oder bei Bedarf für den Zapfenschnitt verwendet.

Dieser Schnitt wird in den nächsten Jahren fortgesetzt, wobei je nach Wuchs der Rebe und verfügbarem Platz langsam weitere Zapfen-/Streckerpaare aufgebaut werden, bis die gewünschte Gerüstbreite abgedeckt ist.

Kordonerziehung

Für diese Erziehung wird unter Berücksichtigung der Triebstärke länger angeschnitten, um rasch einen Kordon, das heißt mehrjähriges Holz, über die gesamte Bewuchshöhe aufzubauen. In den Folgejahren kann mit der Bildung von Fruchtebenen in den unteren Bereichen begonnen werden, das sind Abzweigungen vom Stamm, welche jährlich neue Triebe und somit Trauben hervorbringen. Dazu werden üblicherweise kurze Zapfen mit ein bis zwei Augen geschnitten.

Mit dieser Schnitttechnik kann über längere Zeit eine Fruchtebene sehr stammnah gehalten werden. Im Bedarfsfall kann auch länger geschnitten werden, um bei mehr Platz mehr Triebe für eine Ebene zu erhalten.

Grünschnitt

Ziel ist es, den Rebstock luftdurchlässig zu gestalten. Dazu werden gleich nach dem Austrieb Doppeltriebe oder nicht benötigte Austriebe aus dem alten Holz weggebrochen. Um ein schnelles Abtrocknen der Trauben zu erzielen, werden im Sommer in dieser Zone einige Blätter bzw. überflüssige Geiztriebe entfernt. Bei sehr starkem Wachstum können die Triebe im Sommer ab einer Länge von ca. einem Meter nach der letzten Traube eingekürzt werden (= „Wipfeln").

Holunder *(Sambucus nigra)*

Jahresablauf	J	F	M	A	M	J	J	A	S	O	N	D
Grundschnitt	X	X	X									
Pflanzen			X	X						X	X	
Ernten								X	X			

Ähnlich wie bei der Weinrebe entwickelt sich aus den Knospen am einjährigen Trieb ein Spross, der blüht und fruchtet. Dies passiert natürlich auch ohne Schnitt; um allerdings wenige, dafür aber größere Dolden bzw. Beeren zu ernten, ist im Erwerbsanbau ein Fruchtholzumtrieb durch Schnitt sinnvoll.

Knospen und Triebe beim Holunder

Name	*Sambucus nigra*	
	seitlich	**endständig**
übliche Knospen-/Triebform:		**einjährige Rute**
vegetativ	X	X
generativ	X	X

Natürlicher Wuchs

Der Holunder kommt in der Natur als großer Strauch oder kleinerer bis mittelgroßer Baum vor.

Pflanzung, Erziehung und Schnitt

Die Vermehrung geht sehr einfach über Holzstecklinge, wobei auf virusfreies Ausgangsmaterial zu achten ist. Die Pflanzung der gut bewurzelten zweijährigen Stecklinge erfolgt im Frühjahr oder Herbst.

Im Erwerbsanbau wird am besten ein Stamm von etwa 1,20 Meter Höhe erzogen. Beim Schnitt, der am besten im Winter durchgeführt wird, werden die Ruten, die bereits getragen haben, auf Stummel weggeschnitten, an denen sich im nächsten Jahr wieder kräftige Neutriebe bilden können. Je nach Platz und Wuchsstärke

Abb. 5.12: *Knospe am einjährigen Trieb kurz vor dem Austrieb, Neutriebe zur Blüte und Ernte (von oben nach unten)*

Abb. 5.13: Holunder in einer Anlage vor und nach dem Winterschnitt

bleiben pro Baum sieben bis zehn (bis maximal 25) Jungtriebe stehen, überschüssige Jungruten, besonders zu schwache und beschädigte, werden entfernt.

Erziehungsformen und Pflanzabstände

Erziehungssystem	Pflanzabstand in den Reihen	Pflanzabstand zwischen den Reihen	Besonderheiten
Stamm	3 bis 4 m	5 bis 6 m	zweijährige gut bewurzelte Stecklinge

Kornelkirsche (*Cornus mas*)

Natürlicher Wuchs

Die Kornelkirsche, in Österreich auch „Dirndl" genannt, wächst in der Natur strauchförmig, selten bildet sie von alleine einen Stamm und wird zu einem Baum.

Pflanzung, Erziehung und Schnitt

Die Pflanze ist sehr gut schnittverträglich, sie wird daher unter anderem auch für die Erziehung von Hecken in Parks verwendet.

Als Erziehungsform für den Erwerbsanbau eignet sich am besten eine lockere Spindel. Geschnitten wird in den Wintermonaten, wobei es vor allem um Auslichten geht (siehe Abb. 5.15 und 5.16).

Abb. 5.14a: *Zweijähriger Trieb bei der Kornelkirsche (oben) und Blattknospen seitlich am LT (unten)*

Abb. 5.14b: *KT mit seitlich und endständig stehenden Blütenknospen im Winter (oben), kurz vor der Blüte (Mitte) und mit Früchten zur Ernte (unten).*

Abb. 5.15: *Kornelkirsche als lockerer Spindelbusch erzogen (neun Jahre alt) vor und nach dem Auslichtungsschnitt (Versuchsgarten des LFZ Klosterneuburg)*

Abb. 5.16: *Kornelkirsche als schlanke Spindel erzogen (neun Jahre alt) vor und nach dem Schnitt (Versuchsgarten des LFZ Klosterneuburg)*

Kiwi (*Actinidia chinensis, Actinidia arguta*)

Jahresablauf	J	F	M	A	M	J	J	A	S	O	N	D	
Grundschnitt		(X)	X	(X)									
Grünschnitt						X	X						Entspitzen der Triebe
Pflanzung				X									
Vermehrung	X						X	X				X	Holzstecklinge im Winter ins Glashaus!
Ernte									X	X	X		

Die Vermehrung erfolgt am besten mit Steckholz im Container, über Wurzelschnittlinge (fünf, sechs Zentimeter lang) oder Absenker. Es werden auch Augen- oder Reiserveredelungen auf Sämlingsunterlagen gemacht.

Knospen und Triebe bei der Kiwi

Name	*Actinidia chinensis, A. arguta*	
	seitlich	**endständig**
übliche Knospen-/Triebform:	**einjährige Rute**	
vegetativ	X	X
generativ	**X**	
Besonderes Kiwis sind zweihäusig, d. h., es werden männliche Pflanzen (1 : 6) zur erfolgreichen Befruchtung benötigt.		

Die Blüten und Früchte entwickeln sich ähnlich wie bei der Weinrebe auf Trieben, die im Frühjahr aus den letztjährigen Ruten wachsen, wobei die beste Fruchtqualität an mittelstarken Langtrieben entsteht.

Erziehung und Schnitt

Kiwis sind Kletterpflanzen und benötigen ein stabiles Gerüst. Als Erziehungssysteme im Anbau werden vor allem T-Drahtrahmen und Drahtspalier verwendet, im Hausgarten auch Pergola oder Wandspalier. Am Gerüst wird ein zweiarmiger Kordon in Reihenrichtung erzogen, an welchem sich seitlich Fruchttriebe entwickeln.

Da die jungen Triebe sehr starkwüchsig sind, werden sie am besten schon im Sommer auf sechs bis acht Blätter nach der äußersten Frucht eingekürzt; beim 2. Austrieb entwickeln sich dann Kurztriebe, die zum Großteil blütenbesetzt sind (siehe Abb. 5.17). Der beste Schnittzeitpunkt ist im März, nicht zu spät, um zu starkes Bluten zu verhindern. Zur Fruchtholzerneuerung werden alle Triebe, die älter als drei Jahre sind, komplett entfernt und durch Jungtriebe ersetzt. Ebenso werden zu dicht stehende und konkurrierende Jungtriebe entfernt. Alle im kommenden Jahr fruchtenden Jungtriebe werden um ein Drittel eingekürzt, um die Fruchtqualität zu erhöhen. Generell werden Kiwis deutlich weniger geschnitten als Weinreben.

Erziehungsformen und Pflanzabstände

Erziehungssystem	Gerüsthöhe	Pflanzabstand in den Reihen	Pflanzabstand zw. den Reihen	Eigenschaften
T-System	1,8 m (Querträger)	2,5 m	4,5 m	ein- bis zweijährige Topfpflanzen
Drahtrahmen	3–4 Drähte von 0,7 bis 2,5 m	2,5 m	3,5 m	ein- bis zweijährige Topfpflanzen
Jede 8. Pflanze eine männliche Pflanze als Befruchter				

Foto: Sigfried Tatschl

Abb. 5.17: *Einjährige Rute bei einer Minikiwi im Ertrag mit fruchtbaren Kurztrieben (KT); pro Knospe entwickelt sich ein Trieb mit mehreren Blüten (Mitte) bzw. Früchten (unten).*

Abb. 5.18a: *Junge Mini-Kiwianlage mit T-System-Erziehung am Versuchszentrum Augustenberg*

Abb. 5.18b: *Ältere Kiwi-Anlage erzogen im T-System*

Abb. 5.18c: *Kiwi erzogen als Pergola*

Apfelbeere *(Aronia melanocarpa)*

Die Aronia-Beere fruchtet bevorzugt an der Spitze einjähriger Kurztriebe vergleichbar mit Apfel oder Roter Johannisbeere.

Der erwerbsmäßige Anbau erfolgt vor allem für die Verarbeitung. Da bevorzugt mechanisch geerntet wird, eignet sich am besten eine Erziehung als lockerer Busch, vergleichbar mit der Erziehung der Schwarzen Johannisbeere. Um die Bildung von neuem Fruchtholz zu fördern, wird ähnlich wie bei der Heidelbeere nach etwa fünf Jahren mit einem Auslichtungsschnitt begonnen, um von der Basis her Neutriebe zu erhalten. Es reicht, wenn die Sträucher alle drei bis vier Jahre, am besten im Winter, ausgelichtet werden.

Abb. 5.19: *Trieb einer Apfelbeere mit Blütenknospen und vertrockneten Früchten*

Abb. 5.20: *Ein fünfjähriger Aronia-Busch wird ähnlich ausgelichtet wie ein Heidelbeerbusch (Versuchsgarten des LFZ Klosterneuburg)*

Weitere Obstarten

Auf der folgenden Seite sind einige weitere, zum Teil weniger bekannte Obstarten angeführt, die bei uns in Mitteleuropa wachsen. Die Liste erhebt keinen Anspruch auf Vollständigkeit.

Abb. 5.21a: *Blühende Edelkastanie als Hofbaum im östlichen Niederösterreich*

Abb. 5.21b: *Kakibaum (frosttolerante Sorte „Steiermark")*

Abb. 5.21c: *Indianerbananenbaum (Asimina triloba), ca. fünf Jahre alt, in einem Garten in Kritzendorf*

Lateinischer Name	Deutscher Name	natürlicher Wuchs
Amelanchier ssp. (z.B. *ovalis*)	Felsenbirne	Strauch, Busch, kleiner Baum
Akebia quinata, A. trifoliata	Akebie	Kletterpflanze
Asimina triloba	Indianerbanane (Paw Paw)	kleiner Baum
Berberis vulgaris	Berberitze	Strauch
Castanea sativa	Edelkastanie (Marone)	hoher Baum
Chaenomeles japonica	Japanische Scheinquitte	Strauch
Corylus avellana, C. maxima	Haselnuss	Strauch, Busch, kleiner Baum
Corylus colurna	Baumhasel (türkische Hasel)	Busch, Baum
Crataegus azarolus	Azaroldorn, Welsche Mispel	Strauch, Busch, kleiner Baum
Crataegus laevigata	Zweigriffiger Weißdorn	Strauch, Busch, kleiner Baum
Crataegus monogyna	Eingriffiger Weißdorn	Baum
Diospyros kaki	Kaki (großfruchtig)	Baum
Diospyros kaki x virginiana	Kaki (kleinfruchtig)	Baum
Ficus carica	Feige	Strauch, Busch, Baum
Hippophae rhamnoides	Sanddorn	Strauch, Baum
Lonicera kamtschactica	Maibeere	Strauch
Lycium barbarum	Gogibeere, Wolfsbeere	Strauch
Mahonia aquifolium	Mahonie	Strauch
Morus alba	Weiße Maulbeere	Baum
Morus nigra	Schwarze Maulbeere	Baum
Morus rubra	Rote Maulbeere	Baum
Prunus amygdalus (dulcis)	Mandel	Baum, ähnlich Pfirsich
Prunus cerasifera	Kirschpflaume	Baum
Prunus spinosa	Schlehe	Strauch
Prunus tomentosa	Koreakirsche	Strauch
Rosa canina	Hagebutte	Strauch
Rosa rugosa	Kartoffelrose	Strauch
Rosa villosa	Apfelrose	Strauch
Rubus fruticosus x idaeus	Taybeere, Loganbeere, Boysenbeere	Halbstrauch verholzt
Rubus phoenicolasius	Japanische Weinbeere	Halbstrauch verholzt
Schisandra chinensis	Chinesisches Spaltkölbchen	Kletterpflanze
Shepherdia argentea	Büffelbeere	Großstrauch
Sorbus aria	Mehlbeere	Baum
Sorbus aucuparia	Edeleberesche (z. B. Süße Mährische)	Baum
Sorbus domestica	Speierling	hoher Baum, ähnlich Mostbirne
Sorbus torminalis	Elsbeere	Baum
Vaccinium macrocarpum	Kulturpreiselbeere	Strauch

Erziehungsform: St = Strauch, Sb = Spindelbusch, Kp = Kletterpflanze, Pk = Pyramidenkrone,

Erziehungs- form	Schnitt ähnlich	Pflanzzeit- punkt	Besonderheiten
St, Sb	wenig schneiden	H F	
Kp	wenig schneiden	F	
Sb	wenig schneiden	H F	
St	wenig schneiden	H F	
Pk	wenig schneiden	F	Schnitt im Frühjahr kurz vor Austrieb
St	Heidelbeere, Aronia	H F	
St, Sb	Quitte (Strauch)	H F	
Sb, Pk	Quitte (Busch)	H F	
St, Sb	Quitte (Strauch, Busch)	H F	
St, Sb	Quitte (Strauch, Busch)	H F	
St, Pk	wenig schneiden	H F	
Pk	wenig schneiden	F	frosttolerante Sorten verwenden, z. B. „Steiermark"
Pk	wenig schneiden	H F	
St, Sb	wenig schneiden	F	
St	vorwiegend Ernteschnitt	H F	wächst und fruchtet vor allem an den Triebspitzen
St	Heidelbeere, Aronia	H F	
St	Heidelbeere, Aronia	H F	
St	wenig schneiden	H F	
Pk	wenig schneiden	F	
Sb, Pk	wenig schneiden	F	
Sb, Pk	wenig schneiden	F	
Pk, Hk	wenig schneiden	F	
Pk	Zwetschke, weniger schneiden	H F	
St	Heidelbeere, Aronia	H F	Wurzelaustriebe!
St	Heidelbeere, Aronia	H F	
St	Heidelbeere, Aronia	H F	Wurzelaustriebe!
St	Heidelbeere, Aronia	H F	Wurzelaustriebe!
St	Heidelbeere, Aronia	H F	Wurzelaustriebe!
Dr	Sommerhimbeere, Brombeere	H F	
Dr	Sommerhimbeere, Brombeere	H F	
Kp	wenig schneiden	F	
St	wenig schneiden	H F	
Pk	wenig schneiden	H F	
Pk	wenig schneiden	H F	
Pk	wenig schneiden	H F	verträgt Umpflanzen schlecht
Pk	wenig schneiden	H F	verträgt Umpflanzen schlecht
St	Heidelbeere, Aronia	H F	

Hk = Hohlkrone, Dr = Drahtrahmen **Pflanzzeitpunkt:** H = Herbst, F = Frühling

Vermehrung & Veredelung

Da die meisten Obstarten auf Fremdbefruchtung angewiesen und hochgradig mischerbig sind, spalten die aus den Samen gezogenen Nachkommen auf und unterscheiden sich mehr oder weniger stark von der Muttersorte. Dieser Umstand hat zur großen Sortenvielfalt im Obstbau beigetragen, verhindert allerdings eine einfache Vermehrung über Samen, wie sie bei vielen Gemüse- und Getreidearten bekannt ist. Um einen jungen Baum der gleichen Sorte wieder zu bekommen, müssen wir im Obstbau vorwiegend auf vegetative Vermehrung zurückgreifen.

Generative Vermehrung

Nur wenig Obstarten werden traditionell generativ vermehrt, wie z. B. Weingartenpfirsiche. Auch hier ist mit einer Aufspaltung der Eigenschaften zu rechnen. In der Züchtung macht man sich diesen Umstand zunutze, durch gezielte Kreuzung und nachfolgende Selektion können neue Sorten mit einer gewünschten Kombination der Eigenschaften der Elternsorten entstehen.

Daneben wird die generative Vermehrung im Obstbau auch zur Produktion von Sämlingsunterlagen in Baumschulen eingesetzt. Hierzu werden vor allem Sorten verwendet, deren Nachkommen relativ einheitlich wachsen und robust sind.

Obstsamen besitzen meist eine natürliche Keimhemmung, die verhindert, dass sie, wenn sie nach der Ernte in den Boden gelangen, sofort keimen und im Winter dann gleich abfrieren würden. Der Abbau dieser

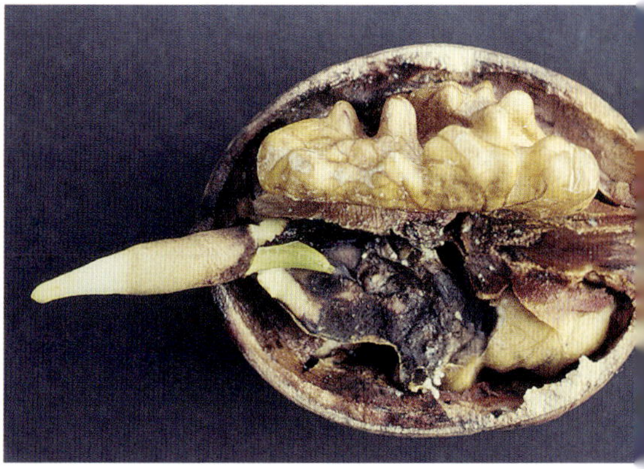

Abb. 6.1: Stratifizierung von Nusssamen im Freien in einer Kiste mit feuchtem Sand und Schutzgitter gegen Mäuse (im Winter) und keimende Walnuss (im Frühjahr) (Quelle: Duhan, Institutsarchiv)

hemmenden Substanzen geschieht unter Einfluss von Kälte und Feuchtigkeit (= Stratifizierung). Die Samen werden dazu mit feuchtem Sand gemischt an einem kalten, aber frostfreien Ort stehen gelassen oder, speziell bei Arten mit einer harten Schale, auch ins Freie gestellt, wo Frost auf sie einwirken kann. Nach der Behandlung werden die Samen üblicherweise im Frühjahr in Saatkisten oder gleich ins Freiland ausgesät. Die optimale Saattiefe hängt von der Größe der Samen ab, als Faustregel sollte etwa der doppelte Samendurchmesser genommen werden.

Vegetative Vermehrung

Die vegetative Vermehrung bringt den Vorteil der Sortenstabilität mit sich. Da alle Nachkommen ihrer Mutterpflanze genetisch entsprechen, kann so ein bestimmter Klon mit besonderen Eigenschaften leicht verbreitet werden. Die Eigenschaften bleiben bis auf Mutationen in Einzelpflanzen erhalten. Die meisten Obstsorten und -unterlagen werden heute auf diese Weise vermehrt.

Autovegetative Vermehrung – Bewurzelung vor der Abtrennung von der Mutterpflanze

Ausläufer

Die bis zu mehrere Meter langen, oberirdischen Ausläufer bei Erdbeeren stellen eine natürliche Form der vegetativen Vermehrung dar.

Der Ableger wächst an der Mutterpflanze mit, bis er auf eine geeignete Stelle am Boden oder in einem Substrat aufliegt und Adventivwurzeln bildet (Abb. 6.2). Bald wächst das Pflänzchen auf eigenen Wurzeln und kann abgetrennt werden.

Natürlich entstandene, unterirdische Ausläufer, sogenannte Rhizome, werden ebenfalls für die Vermehrung verwendet. Wichtig ist dabei, dass jedes Rhizom über zumindest eine Sprossknospe verfügt, aus welcher sich in weiterer Folge eine neue Pflanze entwickeln kann.

In der Praxis ist diese Vermehrung beispielsweise bei Himbeere, Sanddorn, Schlehe, Feige oder diversen Pflaumenunterlagen üblich.

Abb. 6.2: Gewinnung bewurzelter Grünpflanzen bei der Erdbeere durch oberirdische Ausläufer

Abb. 6.3: Vermehrung durch Stockteilung bei einem Johannisbeer-Busch

Stockteilung

Bei der Stockteilung wird eine bestehende Pflanze in mehrere Teile geteilt, wobei jedes Teilstück aus zumindest einem Spross mitsamt ausgebildeten Wurzeln besteht. Geeignet ist diese Methode besonders für kleinere Stückzahlen und Pflanzen, welche sich auf anderem Wege schlecht vermehren lassen. Das Teilen der Pflanze kann bei kleineren Pflanzen nach dem Ausgraben mittels Baumschere oder bei größeren Stöcken mittels Spaten oder Säge geschehen.

In der Praxis üblich ist diese Methode z. B. bei Johannisbeere und Haselnuss (siehe Abb. 6.3).

Abrissmethode nach Anhäufeln

Bei der Vermehrung durch Abriss wird eine Pflanze bereits im Spätherbst knapp über dem Boden zurückgeschnitten. Im Spätwinter wird dann die Pflanze leicht mit Erde gehäufelt, sodass der Neuaustrieb im Frühjahr sich sofort an der Basis bewurzeln kann. Das Häufeln muss im Laufe der Vegetationsperiode immer wieder vollzogen werden, damit die neuen Triebe eine gute Bewurzelung entwickeln. Nach dem Blattfall im Herbst wird die Pflanze abgehäufelt, danach werden die bewurzelten Triebe an der Basis abgerissen oder abgeschnitten. Pro Mutterpflanze lassen sich so bis zu 15 Jungpflanzen gewinnen.

In der Praxis ist dies z. B. bei der Vermehrung von Unterlagen (Apfel, Birne, Quitte, Kirsche) üblich.

Absenker

Beim Absenken wird ein Trieb bogenförmig in den Boden abgesenkt und mit Erde gehäufelt. Diese abgesenkten Triebe bewurzeln dann an

Abb. 6.4: *Anhäufeln und Abriss-Gewinnung bei einer Apfelunterlage: Abrisslinge von M9*

Abb. 6.5: *Abtrennen und Ausgraben eines Absenkers bei einem Johannisbeerbusch* ***(1–3)*** *und bewurzelter Absenker bei der Brombeere* ***(4)***

ihrer tiefsten Stelle und lassen sich danach im Herbst ernten. Man erhält pro Trieb eine neue Pflanze. Man kann einen Trieb auch gleich in einen Blumentopf absenken (feucht halten), um danach die Pflanzen gleich gut transportabel zu haben.

Bei der Brombeere und ihren Kreuzungsprodukten senkt sich die Spitze von Natur aus zu Boden und bewurzelt sich.

In der Praxis üblich ist diese Methode bei Brombeere, Johannisbeere, Haselnuss, Stachelbeere, Rebunterlagen oder Feige.

Ableger

Diese Methode ist dem Absenken ähnlich, nur wird hier ein ganzer Trieb möglichst flach ca. fünf bis zehn Zentimeter unter der Erde in einer Rinne abgelegt und mit einem Haken fixiert. Sobald die aus den an der Oberseite befindlichen Augen austreibenden Triebe eine Länge von zehn bis 15 Zentimetern erreicht haben, wird mit lockerem Material gehäufelt. Dies wird mehrfach wiederholt. Im Herbst wird wieder abgehäufelt und die bewurzelten Triebe können geerntet werden.

In der Praxis ist dies beispielsweise bei Steinobst üblich, vor allem bei Zwetschke und Pflaume.

Abb. 6.6: *Vermehrung über Ableger bei einer Zwetschke*

(Fotos 6.4 und 6.6 Quelle: Duhan, Institutsarchiv)

Autovegetative Vermehrung – Bewurzelung nach der Abtrennung von der Mutterpflanze

Stecklinge

Holzstecklinge

Verholzte Langtriebe werden in der Vegetationsruhe geschnitten und im zeitigen Frühjahr in Stücke von ca. 20 Zentimetern Länge geteilt und in die Erde gesteckt (= Steckhölzer), damit sie austreiben und sich bewurzeln. Die Verwendung auxinhaltiger Präparate kann die Bewurzelung deutlich erhöhen.

In der Praxis findet diese Methode z. B. Anwendung bei Holunder, Quitte, Feige, Sanddorn, Johannisbeere oder Rebunterlagen.

Grünstecklinge

Krautige Langtriebe werden während der Vegetationszeit geschnitten und in einem Folien- oder Glashaus unter hoher Luftfeuchtigkeit (z. B. durch Verwendung von Sprühnebel) in ein Substrat gegeben, wo sie sich bewurzeln. Auch hier können auxinhaltige Mittel die Bewurzelung fördern.

In der Praxis ist das üblich bei der Vermehrung von Unterlagen (z. B. Kirsche).

Gewebekultur (In-vitro-Vermehrung)

Bei dieser Vermehrungsmethode werden Meristemzellen von der Mutterpflanze genommen und im Labor unter sterilen Bedingungen mithilfe von Nährmedien bewurzelt. Dies ermöglicht eine schnelle Klonvermehrung und, da keimfrei gearbeitet wird, bei Verwendung gesunder Mutterpflanzen auch die Gewinnung von Jungpflanzen, die frei von Krankheiten sind. Speziell schwer heilbare und durch übliche vegetative Vermehrung leicht übertragbare Viruskrankheiten können deutlich (bis ca. 80 %) verringert werden, da die Viruskonzentration zum Vegetationspunkt hin abnimmt. Anwendung findet diese Methode vor allem in der Erzeugung von gesunden Mutterpflanzen für den Reiserschnitt und bei Beerenobst (Himbeeren, Erdbeeren).

Xenovegetative Vermehrung (Veredelung)

Dabei werden zwei verschiedene Pflanzen miteinander verbunden, damit sie zusammenwachsen, eine bildet die Wurzel oder Unterlage (= englisch „Rootstock"), die zweite den Baum mit Ästen und Früchten (Edelsorte).

Voraussetzungen

Fürs Veredeln wird eigenes Werkzeug benötigt. Wichtig ist, dass die eigens dafür erhältlichen Messer einseitig geschliffen und scharf sind. Hierzu wird die geschliffene Seite der Schneide in kreisender Bewegung vorsichtig an einem nassen Schleifstein abgerieben und am Ende an einem Lederstück abgezogen.

Da das Kambium für das Zusammenwachsen verantwortlich ist, sollen die Berührungsflächen möglichst groß sein, fest aneinander liegen und nicht austrocknen. Dazu werden je nach verwendeter Methode verschiedene Materialien zum Verbinden und zum Verstreichen der Wunden verwendet (siehe Abb. 6.9). Die Verbindungsflächen dürfen nicht in Kontakt mit Fingern, Schmutz oder Regenwasser kommen. Es ist daher wichtig, schnell und sauber zu arbeiten; an heißen und windigen Tagen, besonders im Sommer, empfiehlt es sich daher, möglichst in der Früh oder am Abend zu arbeiten.

Wird der Wundverband mit Bast gemacht, so muss er nach dem Anwachsen rechtzeitig gelockert werden, damit es nicht zu Einschnürungen kommt.

Edelreisergewinnung

Ideal sind kräftige (mindestens bleistiftdicke), einjährige Triebe am besten von der Südseite

*Abb. 6.7: Durchführung der Vermehrung mit Holzstecklingen **(1,2)** bei Roter Johannisbeere im Herbst (oben); Austrieb im Frühjahr **(3)** und bewurzelter Steckling **(4)** nach einem Jahr*

Abb. 6.8: Erfolgreiche Bewurzelung bei einem Grünsteckling (Kirschenunterlage) im Folientunnel mit Sprühnebel (unten)

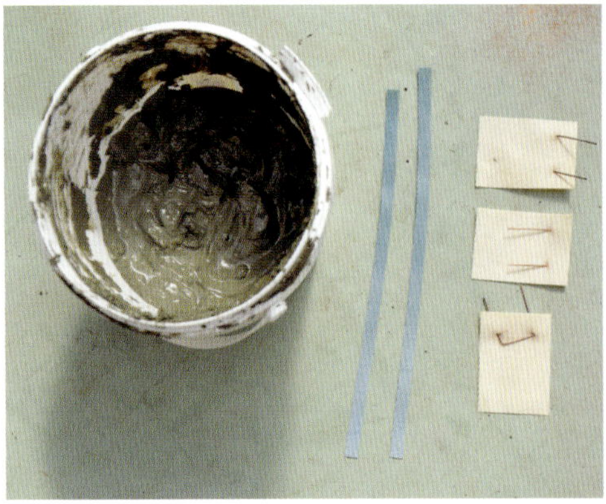

Abb. 6.9: Wundverschlussmittel und Gummibänder bzw. Okuletten zum Verbinden, Veredelungsmesser: Kopuliermesser (links) und Okuliermesser (rechts)

des Mutterbaumes. Schlecht ausgereifte Langtriebe aus dem Bauminneren mit langen Internodien, sogenannte „Wasserschosser" eignen sich nicht. Im Idealfall, wenn genug Reiser vorhanden sind, wird der mittlere Teil des Reises zum Veredeln verwendet, da diese Knospen am besten ausgebildet sind.

Für die Winterveredelungen erfolgt der Reiserschnitt in der Vegetationsruhe möglichst an einem frostfreien Tag. Steinobst (Dezember bis Ende Februar) wird früher geschnitten als Kernobst (Jänner bis Ende März). Anschließend werden die Reiser beschriftet und bis zur Veredelung kühl, mäßig feucht und möglichst lichtgeschützt gelagert, am besten in geschlossenen Polyäthylensäcken mit etwas feuchtem Torfmull oder Zeitungspapier verpackt im Kühlraum bei ca. +2 °C. Eine weitere Möglichkeit besteht darin, sie in einem feuchten, kalten Keller in Sand einzuschlagen.

Im Sommer werden die Edelreiser nach dem Schneiden sofort entblättert, in feuchte Tücher gegeben, kühl gelagert und möglichst rasch verwendet.

Methoden, die außerhalb der Vegetation (in Winterruhe) durchgeführt werden

Bei den Winterveredelungen muss die Rinde der Unterlage nicht lösen. Sie werden entweder als Tisch- oder Handveredelungen indoor im Winter oder im Freien kurz vor Vegetationsbeginn (März bis Anfang April) durchgeführt.

Kopulation (mit oder ohne Gegenzunge)

Die Methode wird standardmäßig durchgeführt, wenn Unterlage und Reis die gleiche Stärke aufweisen. Das ein- oder zweijährige Holz an der Unterlage kann geringfügig dicker sein, keineswegs aber darf das Reis dicker als die Unterlage sein. Ein langer (ca. vier- bis sechsmal die Länge des Durchmessers) gerader Schnitt wird genau gegenüber einem Auge durchgeführt (siehe Abb. 6.11, 1—3). Die beiden Schnittflächen werden aufeinandergelegt und mit Gummiband,

Abb. 6.10: Edelreiser geschnitten und gebündelt für die Einlagerung

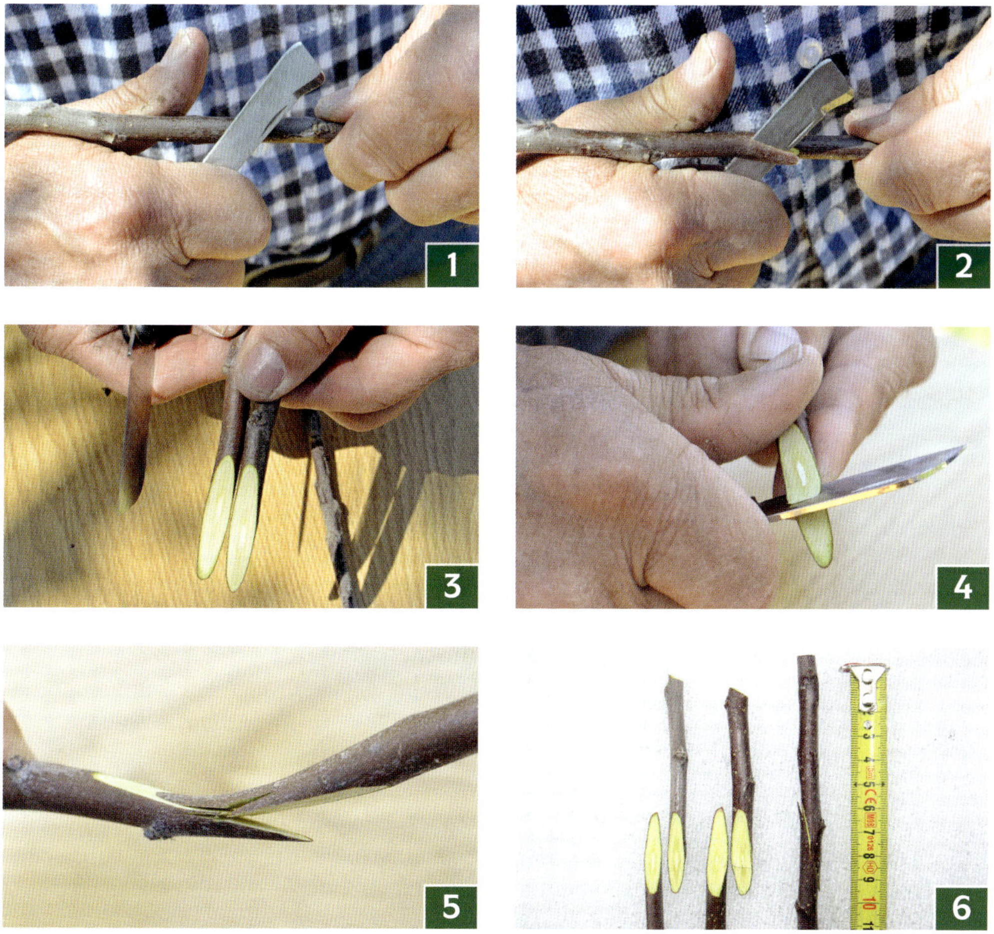

Abb. 6.11: Durchführung einer Kopulation mit Gegenzunge beim Apfel. Die fertige Veredelung gehört noch verbunden und verstrichen (siehe Abb. 6.14, Mitte, S. 141)

Abb. 6.12: Angewachsene Veredelung beim Apfel im Sommer nach einfacher Kopulation: im Querschnitt deutlich erkennbar der Kopulationsschnitt und die Bildung von Wundkallus ausgehend vom Kambium.

Übersicht über den Zeitpunkt der Durchführung der wichtigsten in der Praxis üblichen Veredelungsmethoden

Jahresablauf	J	F	M	A	M	J	J	A	S	O	N	D
	Rinde löst nicht							Rinde löst nicht				
				Rinde löst ab								
Kopulation		X	X	X								
Anschäften		X	X	X								
Geißfuß		X	X	X								
Rindenpropfen				X	X							
Okulation							X	X				
Chip-Budding		X	X	X	X	X	X	X	X			

Bast oder selbstklebendem Kreppband fest miteinander verbunden, wobei das Auge am Edelreis ausgespart wird. Das Edelreis wird auf insgesamt drei Augen zurückgeschnitten. Am Schluss wird seitlich entlang der Schnittflächen und an der Spitze des Reises mit Wundverschlussmittel verstrichen.

Bei der Gegenzunge wird nach dem ersten Drittel der Schnittfläche noch ein Schnitt (Länge: etwa messerbreit, d. h. ein Drittel vom Kopulationsschnitt) leicht schräg nach unten gemacht. Dies geschieht ganz vorsichtig (Achtung: Verletzungsgefahr!) mit einer pendelnden Bewegung der Klinge. Danach werden die Reiser ineinandergeschoben; anschließend wird fest verbunden und verstrichen.

Abb. 6.13: Eine maschinell durchgeführte Lamellen-Veredelung an einem Walnusssämling

Die maschinelle Veredelung als Sonderform der Kopulation hat sich nur bei einigen Arten durchgesetzt (Omega-Veredelung beim Wein, Lamellen-Veredelung bei der Walnuss, siehe Abb. 6.13)

Anschäften

Die Methode wird angewandt, wenn die Unterlage etwas stärker als das Edelreis ist; das heißt, der Kopulationsschnitt an der Unterlage wird seitlich gemacht, möglichst gleich groß wie der am Edelreis (siehe Abb. 6.14). Wenn die Schnittflächen nicht überlappen, ist es beim Zusammenbinden wichtig, dass zumindest auf einer Seite Kambialkontakt besteht!

Geißfußpfropfen

Diese etwas Übung erfordernde Methode wird dann angewandt, wenn die Unterlage wesentlich stärker ist als das Edelreis. Die Unterlage wird gerade abgeschnitten und die Schnittfläche mit dem Messer vor allem an den Seitenrändern glatt geschnitten. Dann wird mit zwei Schnitten ein Keil aus dem Holz herausgenommen (siehe Abb. 6.15, 1–3). Das Reis wird mit zwei Kopulationsschnitten ebenfalls entsprechend keilförmig zugeschnitten (siehe Abb. 6.15, 4–7). Es ist dabei darauf zu achten, dass der Winkel ein wenig stumpfer als an der Unterlage ist, damit

Abb. 6.14: *Anschäften bei einem Apfelbaum; Schnittflächen vor dem Zusammenbinden* **(1)***, fertige Veredelung* **(2)** *und dieselbe Veredelung im darauffolgenden Sommer mit Austrieb aus dem Edelreis* **(3)***.*

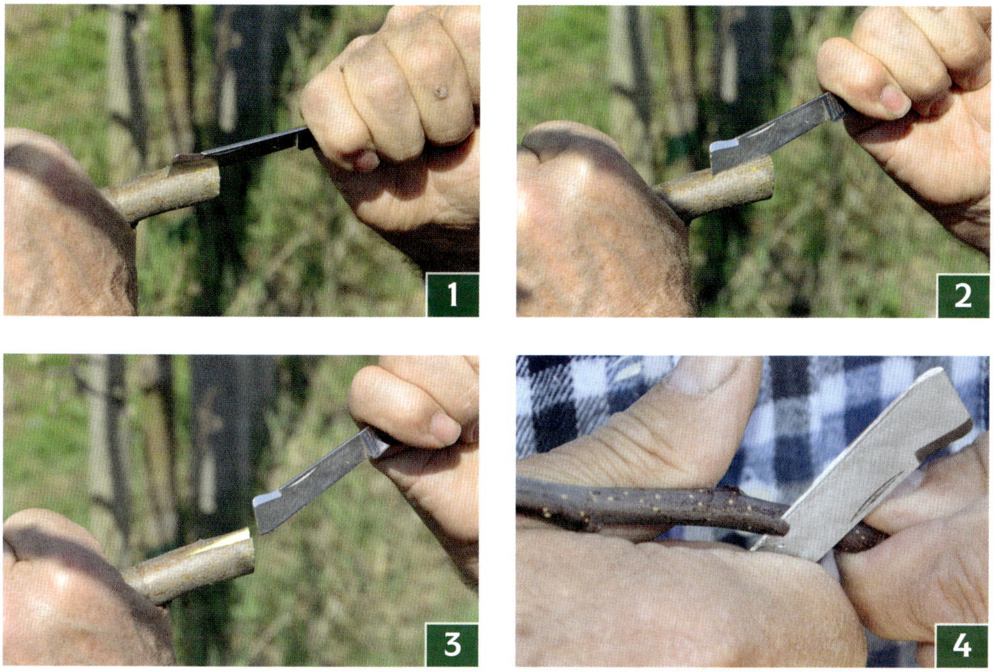

Abb. 6.15: *Durchführung einer Geißfuß-Veredelung beim Apfel* **(1–9)** *…*

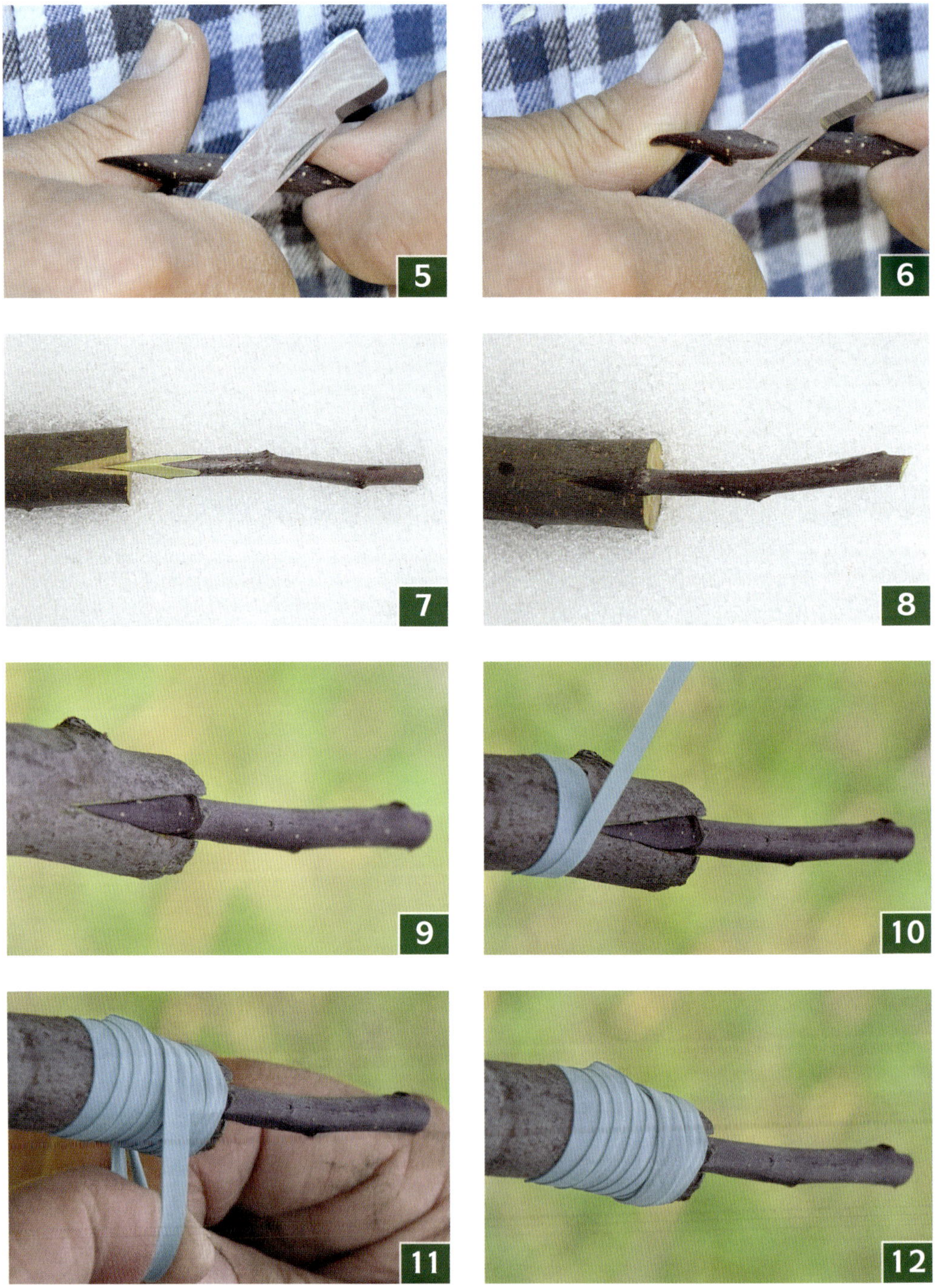

... und fachgerechtes Verbinden ***(10–12)***.

es dort mit etwas Widerstand hineinpasst (siehe Abb. 6.15, 7–9). Dann wird fest verbunden und alle Schnittflächen sowie die Reisspitze werden mit Wundverschlussmittel verstrichen (siehe Abb. 6.15, 10–12).

Methoden, die im ausgehenden Frühjahr durchgeführt werden (Rinde an der Unterlage muss lösen)

Da beim Lösen der Rinde an der Unterlage das Kambium sich auf Holz und inneren Rindenflügel verteilt, haben all diese Methoden den Vorteil, viel Verwachsungsfläche anzubieten.

Verbessertes Rindenpfropfen

Die etwas stärkere Unterlage wird mit der Säge zunächst gerade abgeschnitten und der Pfropfkopf wie beim Geißfuß beschrieben vorbereitet. Am Reis wird ein Kopulationsschnitt und dann auf einer Seite im rechten Winkel dazu ein zweiter schmaler Schnitt durchgeführt (siehe Abb. 6.16, 1–2, 4–5). Auf der dem Kopulationsschnitt gegenüberliegenden Seite wird durch leichtes Anspitzen des Reises weiteres Kambium freigelegt (siehe Abb. 6.16, 3).

Dann wird das Messer an der Unterlage senkrecht zum Pfropfkopf bis ins Holz hineingedrückt, und zwar etwas kürzer als die Schnittlänge am Reis (siehe Abb. 6.16, 6).

Ein Rindenflügel wird gelöst, und zwar so, dass das Reis beim Hineinschieben am nicht gelösten Flügel im rechten Winkel anliegt (siehe Abb. 6.16, 7–8). Festgebunden wird in Richtung des nicht gelösten Flügels (siehe

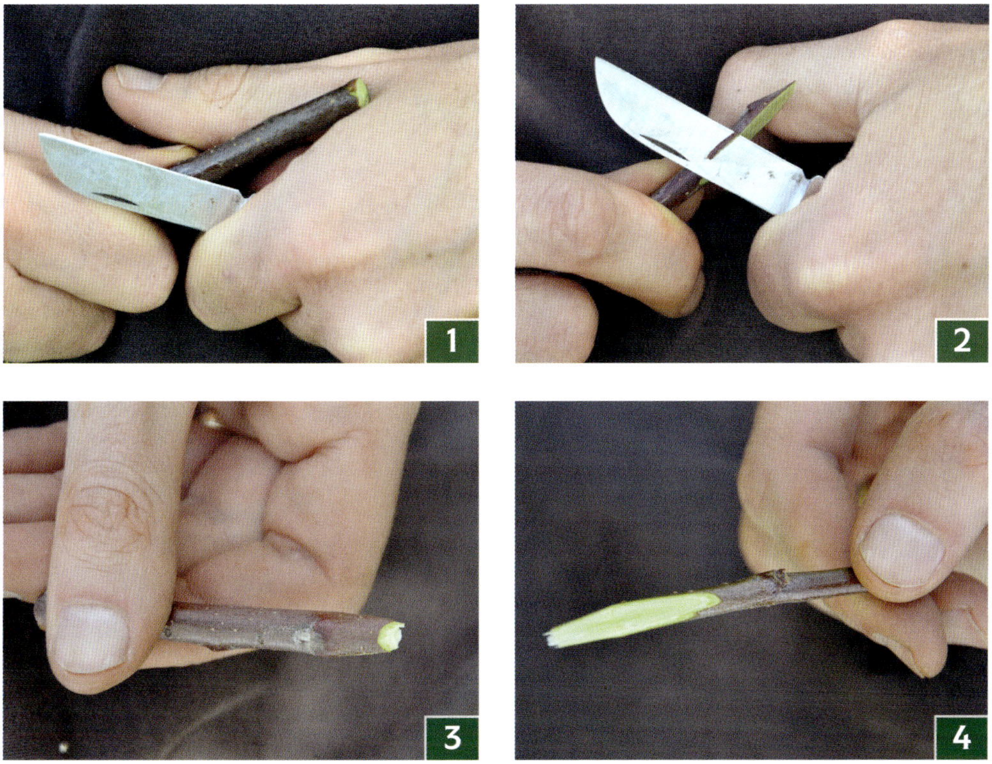

Abb. 6.16a: Durchführung einer Umveredelung mit verbessertem Rindenpfropfen an einem Apfelbaum

Abb. 6.16b: Durchführung einer Umveredelung mit verbessertem Rindenpfropfen. Die fertige Veredelung gehört noch verstrichen.

Abb. 6.16, 9–10), anschließend werden alle Schnittflächen wie üblich verstrichen.

Wenk'sches Rindenpfropfen

Diese Methode stellt eine Sonderform des verbesserten Rindenpfropfens dar. Am Reis werden zwei Kopulationsschnitte mit spitzem Winkel zueinander gemacht, einer etwas länger als der andere, das Auge steht genau in der Mitte gegenüber (siehe Abb. 6.17, 1–3). Die Rinde wird einseitig gelöst, die längere Schnittfläche kommt innen ans Holz, die kürzere auf die Innenseite des gelösten Flügels, das Auge schaut seitlich heraus (siehe Abb. 6.17, 4–6). So hat das Reis innen und außen Kambialkontakt. Die Methode kann auch in der Baumschule bei etwas stärkeren Unterlagen anstelle des schwieriger durchzuführenden Geißfußes verwendet werden, wenn die Rinde an der Unterlage löst.

Abb. 6.17a: Durchführen einer Umveredelung mit Wenk'schem Rindenpfropfen ***(1–8)*** *...*

... beim Apfel. Die fertige Veredelung gehört noch verstrichen.

Dickrindenpfropfen

Diese Methode wird angewandt, wenn die Unterlage an der Veredelungsstelle eine stärkere Rinde aufweist. Am Reis wird zunächst ein Kopulationsschnitt gemacht, dann im rechten Winkel dazu auf beiden Seiten noch mal ein schmaler Schnitt. Auch auf der Hinterseite wird ein kleiner Keil freigelegt (siehe Abb. 6.18, 1–3). An der Unterlage wird das Messer zweimal in Reisbreite bis zum Holz hineingedrückt. Die Rinde wird ein Stück gelöst, dann wird das Reis angesetzt und wie ein Keil mit dem Scherenrücken hineingeschlagen (siehe Abb. 6.18, 4–5). Der Rindenflügel wird vor dem Verbinden unterhalb des Auges abgeschnitten (siehe Abb. 6.18, 6–7).

Abb. 6.18: *Durchführen einer Dickrindenpfropfung* ***(1–8)*** *an einem Apfelbaum.*

Abb. 6.19: *Alle drei Rindenveredelungsmethoden (Verbessertes und Wenk'sches RP sowie Dickrindenpfropfen von unten im Uhrzeigersinn) an einem Pfropfkopf durchgeführt* **(1)**. *Um ein späteres Schließen der Wunde zu ermöglichen, sollten die Pfropfköpfe wenn möglich nicht größer als faustgroß sein. Die Anzahl der verwendeten Reiser wird an die Größe des Pfropfkopfes angepasst, ca. alle fünf, sechs Zentimeter im Umfang kommt ein zusätzliches Reis* **(2)**.

Sommerveredelungsmethoden

Okulation

Das Edelreis wird sofort nach dem Schneiden entblättert, nur die Blattstiele bleiben stehen. Danach wird mit dem Messer von unten ein Auge mit einem Schildchen herausgeschnitten (siehe Abb. 6.20, 3).

Es empfiehlt sich, das Holz zu lösen, damit mehr Kambium freigelegt wird. An der Unterlage wird auf einem geraden Stammteil ein T-Schnitt gemacht, die Flügel mit dem Rindenlöser geöffnet und das Auge unter die Rinde eingesetzt (siehe Abb. 6.20, 1–2, 4–5). Der oberste Teil des Schildchens wird so abgeschnitten, dass es plan mit dem oberen Balken vom T schließt (siehe Abb. 6.20, 6). Es wird mit einer Okulette (siehe Abb. 6.20, 10–14) oder mit Gummiband (siehe Abb. 6.20, 7–9) verbunden, aber nicht verstrichen.

Die Veredelung erfolgt auf schlafendes Auge, das heißt, erst im darauffolgenden Winter wird die Unterlage oberhalb der Veredelung abgeworfen und aus dem Auge ein neuer Baum gezogen (siehe Abb. 6.20, 15–16).

Abb. 6.20: *Durchführung einer Okulation bei einer Kirsche ...*

… Das untere Auge wird mit Gummiband verbunden, das zweite Auge (oben) …

*... mit einer Okulette **(13)**; Auge und Austrieb im darauffolgenden Frühjahr nach dem Abwerfen der Unterlage **(15, 16)**.*

Abb. 6.21: Querschnitt durch eine erfolgreich angewachsene Apfelokulation ein Jahr nach der Veredelung; neben der Kallusbildung ist das eingesetzte Schildchen mit dem Edelauge deutlich sichtbar. (Fotos: Gerald Bandzauner)

Methoden, die das ganze Jahr über durchgeführt werden können

Chip-Budding (Span-Veredelung)

Das Auge wird mit einem kleinen Schildchen inklusive Holzstück herausgeschnitten (siehe Abb. 6.22, 1–2), derselbe Schnitt wird an der Unterlage durchgeführt (siehe Abb. 6.22, 3–4). Das Schildchen wird eingesetzt (siehe Abb. 6.22, 5–6) und wie bei der Okulation verbunden (siehe Abb. 6.22, 7–10).

Da bei dieser Methode die Rinde nicht lösen muss, kann sie das ganze Jahr über durchgeführt werden, bis Juni mit sofortigem Abwurf der Unterlage oberhalb der Veredelungsstelle auf treibendes Auge und ab Juli auf schlafendes Auge analog der Okulation.

Sonderformen der Veredelung

Umveredelungen

Umveredelungen werden durchgeführt, wenn in einer Anlage oder auf einem Baum eine bestehende Sorte durch eine andere ersetzt werden soll. Je nach Größe des Baumes wird im Bereich des Stammes knapp unterhalb des Kronenansatzes bei jungen Bäumen, bei älteren in der Krone meist mittels Rindenpfropfen veredelt.

Bei stärkeren Bäumen (ab ca. vier, fünf Zentimetern Durchmesser an der Veredelungsstelle) ist darauf zu achten, dass unterhalb der Veredelungsstelle zumindest ein im Idealfall flach weggehender Trieb, der in der Saftwaage deutlich tiefer steht, verbleibt. Dieser „Zugast“ verhindert, dass die Edelreiser vor dem Anwachsen

Abb. 6.22: *Durchführung einer Chip-Veredelung bei einer Kirsche im Sommer und …*

... Vorgangsweise beim Verbinden mit einem Gummiband.

zu viel Saft von unten bekommen und dadurch „ertrinken". Weiters ernährt er den Baum mit, bis sich aus den Reisern neue Blätter entwickeln. Der Zugast wird nach dem Anwachsen der Reiser im folgenden Sommer oder Winter entfernt.

Überbrückungs- und Ammenveredelung

Diese Spezialformen werden angewandt, um z. B. bei wertvollen Einzelbäumen größere Wunden am Stamm zu überbrücken. Die Reiser erhalten einen Kopulationsschnitt und werden in einen umgekehrten T-Schnitt hinter die gelöste Rinde des Baumes geschoben (= seitliches Einspitzen) (siehe Abb. 6.23).

Abb. 6.23: *Überbrückung einer Wunde an der Stammbasis mittels Ammenveredelung („Vorspann")*

Abb. 6.24a: *Erfolgreiche Umveredelung einer Apfelspindel: Einsetzen der Reiser und Belassen eines Zugastes (li. o.) und Anwachsen der Reiser im darauffolgenden Sommer nach Entfernen des Zugastes und der Unterlagentriebe (li. u.). Gut verheilter Pfropfkopf 2 Jahre nach der Umveredelung bei einer Apfelspindel (re. u.).*

Abb. 6.24b: *Baum drei Jahre nach der Umveredelung (vor und nach dem Schnitt): Die Wunde ist schon gut verheilt, der Baum wird wieder zu einer Spindel geschnitten bzw. formiert.*

Übersicht über die wichtigsten Veredelungsmethoden und die dafür notwendigen Voraussetzungen

Veredelungsmethode	gleich stark (Unterlage = Reis)	ungleich stark (Unterlage > Reis)	bei junger Unterlage (in Baumschule)	bei älterer Unterlage (Umveredeln von Bäumen)	ohne Rindenlösen III–IV	mit Rindenlösen V	im Sommer VII–VIII
Kopulieren mit/ohne Gegenzunge	X		X	(X)	X		
Anschäften		X	X	(X)	X		
Geißfußpfropfen		X	X	X	X		
Verbessertes Rindenpfropfen		X		X		X	
Wenk'sches Rindenpfropfen		X	X	X		X	
Dickrindenpfropfen		X		X		X	
Okulieren	X	X	X	(X)			X*
Chip-Budding	X	X	X	(X)	X	X	X

X = gut geeignet, (X) = möglich, falls (z. B. nach vorherigem Rückschnitt) starke Jungtriebe vorhanden sind
* = wenn Rinde löst, III-VIII = Monate

ISBN 978-3-7020-1671-5

ISBN 978-3-7020-1308-0

ISBN 978-3-7020-1567-1

ISBN 978-3-7020-1489-6

Aus unserem Programm

ISBN 978-3-7020-2077-4

ISBN 978-3-7020-1670-8

ISBN 978-3-7020-1935-8

ISBN 978-3-7020-1212-0

Leopold Stocker Verlag

www.stocker-verlag.com

Graz – Stuttgart

Aus unserem Programm

ISBN 978-3-7020-1922-8

ISBN 978-3-7020-1591-6

ISBN 978-3-7020-1682-1

Aus unserem Programm

ISBN 978-3-7020-1807-8

ISBN 978-3-7020-1347-9

ISBN 978-3-7020-2057-6

ISBN 978-3-7020-1470-4

Leopold Stocker Verlag

www.stocker-verlag.com

Graz – Stuttgart